15天学通
AutoCAD 中文版
辅助绘图

Auto CAD 实用手册

李璐璐 编著

中国铁道出版社
CHINA RAILWAY PUBLISHING HOUSE

内 容 简 介

本书主要介绍了 AutoCAD 2013 中文版的基本操作方法和实用技巧，在教会读者使用软件的同时，培养读者养成使用该软件的一些好习惯。全书分为 15 章，分别介绍了 AutoCAD 2013 的基础知识，二维图形的绘制与编辑，图层设置，文字与尺寸标注，打印，三维图形的绘制与编辑、布局选项卡（新增功能）等。最后通过 3 个实际案例来综合应用前面讲解的知识点。

书中语言简洁、结构清晰，在进行知识点讲解的同时，不仅列举了大量的实例，还增加了上机操作，使读者能够在实践中掌握 AutoCAD 2013 的操作方法和技巧。本书附赠 DVD 光盘包括了书中的多媒体教学视频文件，以及书中涉及的素材案例文件。

本书不仅适合作为初学者的入门参考书，也可作为有制作经验的室内设计技术人员的参考工具书。

图书在版编目（CIP）数据

15 天学通 AutoCAD 中文版辅助绘图 / 李璐璐编著.

北京：中国铁道出版社，2013.7

ISBN 978-7-113-16365-5

Ⅰ.①1… Ⅱ.①李… Ⅲ.①AutoCAD 软件 Ⅳ.①TP391.72

中国版本图书馆 CIP 数据核字（2013）第 083684 号

书　　名：15 天学通 AutoCAD 中文版辅助绘图
作　　者：李璐璐　编著

责任编辑：刘　伟　　　　　　　读者热线电话：010-63560056
特邀编辑：赵树刚　　　　　　　封面设计：多宝格
责任印制：赵星辰

出版发行：中国铁道出版社（北京市西城区右安门西街 8 号　　邮政编码：100054）
印　　刷：北京鑫正大印刷有限公司
版　　次：2013 年 7 月第 1 版　　　　2013 年 7 月第 1 次印刷
开　　本：787mm×1092mm　1/16　印张：18.75　字数：440 千
书　　号：ISBN 978-7-113-16365-5
定　　价：36.00 元（附赠光盘）

写作初衷

AutoCAD 是美国 Autodesk 公司开发的计算机辅助设计软件，是世界上著名的计算机辅助设计软件之一，广泛应用于建筑装饰、机械制造、电子电器、医学器械、园林绿化等众多领域。2012 年 3 月 Autodesk 公司向全球推出了最新一代的计算机辅助设计软件 AutoCAD 2013，由于其持续增加的功能和更符合用户操作习惯的外观界面，使其操作更加便捷，受到了用户广泛的关注。

为了使广大读者能够快速掌握室内设计的基本理论知识和绘制技能，本书以最新的简体中文版 AutoCAD 2013 设计软件为蓝本，以多个机械、建筑和电子工程案例，系统、全面地讲解了使用 AutoCAD 2013 进行设计的方法和技巧。

本书的写作特色

本书内容丰富，讲解简明扼要，安排丰富的制作实例进行教学，过程完整，针对性强；全书结构清晰、技术全面，理论讲解部分言简意赅、通俗易懂，实战演练的步骤分明、图文并茂。此外，还具有以下几个特点。

15天学通AutoCAD 2013
中文版辅助绘图

- 合理的层次结构：由软件安装入手，到常用命令的应用，再到综合案例的实施
- 专业务实的教学内容：讲解最常用的150多个知识点，紧扣学习进度，逐步加深和完善
- 丰富的案例：使用多种案例来讲解命令的使用。并精选多种案例，在使用的同时更加注重实用性
- 多媒体教学光盘：借助初学者对软件掌握不深的情况，通过详细的视频进行展示，让读者不看书也能快速操作软件

本书内容结构

通过本书配套的多媒体教学光盘，借助案例教学视频的直观、生动、交互性好等特点，可以使读者轻松领会各种知识和技术，达到无师自通的效果。

第 1 章，简要讲解了 AutoCAD 2013 辅助绘图软件的基础绘图知识、新增功能以及相关的属性设置，包括 AutoCAD 的界面与文件操作、相关的系统选项等。

第 2～9 章，详解介绍了使用 AutoCAD 软件进行二维绘图与编辑、图层与图案填充、文字的输入和尺寸的标注、图块与信息查询以及约束等相关知识，让读者快速了解 AutoCAD 最大方面的应用。

第 10～11 章，讲解了 AutoCAD 三维绘图与三维编辑等相关知识。

第 12 章，详细讲解了 AutoCAD 2013 新增的"布局"选项卡，通过"布局"选项卡可以轻松地从三维图形生成二维图形，是 CAD 一次重大的改革。

第 13～15 章，通过 3 个方面的案例来对前面讲解的知识进行综合说明，包括箱体三视图的绘制、住宅平面图的绘制和通信接口电路图，其中第 13 章还以最简洁实用的方式介绍了如何打印出图。在掌握知识的同时，也对各个方面的专业应用有简要了解，从而为读者以后的专业应用奠定良好的基础。

适用的用户群

准备学习或正在学习 AutoCAD 2013 软件的初级读者。

机械、建筑设计绘图的初中级用户。

相关专业的高校师生。

工作中涉及 AutoCAD 但不无须深入研究的从业者。

本书主要由李璐璐编著，在编写的过程中还得到了徐远华、李凖等的帮助，在此一并表示感谢。

感谢您选择了本书，希望我们的努力对您的工作和学习有所帮助。鉴于编者水平有限，书中难免存在疏漏与不足之处，敬请批评指正。

邮箱：6v1206@gmail.com。

编　者

2013 年 5 月

目 录

•CONTENTS•

第1章
AutoCAD 2013 绘图基础

AutoCAD 2013 是 Autodesk 公司推出的计算机辅助设计软件，该软件经过不断的完善，现已成为国际上广为流行的绘图工具。本章将讲述 AutoCAD 2013 的基础知识和基本操作。

视频文件：光盘\视频演示\CH01
视频时间：12 分钟

1.1　AutoCAD 2013 的安装与新增功能

AutoCAD 是 Autodesk 公司旗下的图形设计软件，利用它可以绘制二维平面图、三维实体建模、图形的渲染、图形输出、网络发布、网络协同设计，以及提供二次开发的平台，在机械工程、精密制造、建筑装饰、园林绿化、道路桥梁、航空航天、铁路交通、服装设计等众多行业得到了广泛应用。

1.1.1　AutoCAD 2013 的安装步骤

安装操作步骤如下：

Step 01 将安装光盘放入光驱中，运行光盘中的 Setup.exe 文件以后，弹出 AutoCAD 2013 安装初始化界面，如图 1-1 所示。

Step 02 进入安装选择界面，选择语言为"中文（简体）（Chinese（Simplified））"，然后单击"在此计算机上安装"按钮开始安装，如图 1-2 所示。

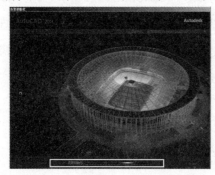
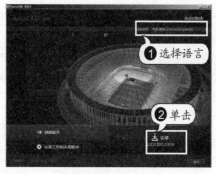

图 1-1　　　　　　　　　　　　　　　　　　图 1-2

Step 03 在"许可协议"界面中选择"国家或地区"为 China，阅读"许可协议"后选中"我接受"单选按钮，然后单击"下一步"按钮继续安装，如图 1-3 所示。

Step 04 进入"产品信息"界面，在"许可类型"选项区域选中"单机"单选按钮；在"产品信息"选项区域选中"我有我的产品信息"单选按钮，然后输入"序列号"和"产品密钥"，单击"下一步"按钮继续安装，如图 1-4 所示。

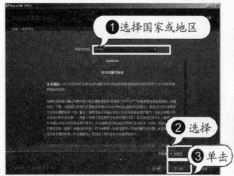

图 1-3　　　　　　　　　　　　　　　　　　图 1-4

Step 05 进入"配置安装"界面，在这里不仅可以安装 AutoCAD 2013 软件，还可以安装另外两种三维辅助设计软件（可以选择安装，也可以不安装，这里选择了安装）；接着在下面选择一个安装路径，设置完成后单击"安装"按钮继续，如图 1-5 所示。

Step 06 安装过程会持续一段时间，程序自动将安装文件安装到指定的路径下面，可以看到下载整体进度的变化，如图 1-6 所示。

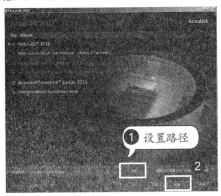

图 1-5

图 1-6

Step 07 等待一段时间后，就会提示安装完成，如图 1-7 所示。

Step 08 安装完成后双击 AutoCAD 2013 图标，弹出图 1-8 所示的对话框。

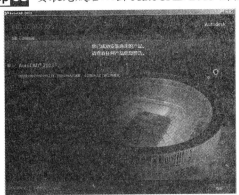

图 1-7

图 1-8

Step 09 接受"隐私声明"之后弹出"许可"对话框，如图 1-9 所示。

Step 10 激活完成后便可永久使用，如图 1-10 所示。

图 1-9

图 1-10

提示：安装注意事项

安装过程中不要进行其他操作，以免安装中断。另外，安装过程中最好切断网络连接和关闭杀毒软件。

1.1.2 AutoCAD 2013 的启动与退出

下面分别介绍启动与退出中文版 AutoCAD 2013 的方法。

1．启动中文版 AutoCAD 2013

启动中文版 AutoCAD 2013 有以下两种方法：

- 双击桌面快捷图标 。
- 选择"开始→所有程序→Autodesk→AutoCAD 2013-简体中文→AutoCAD 2013"菜单命令。

2．退出中文版 AutoCAD 2013

与其他应用软件一样，使用中文版 AutoCAD 2013 完成绘图任务后，就可以退出该软件。在退出中文版 AutoCAD 2013 前，应将所有正在执行的绘图任务退出。

退出中文版 AutoCAD 2013 有以下几种方法：

- 选择"文件"→"退出"命令，退出中文版 AutoCAD 2013。
- 单击 AutoCAD 2013 工作界面右上角的"关闭"按钮▣，退出 AutoCAD 2013。
- 在命令行窗口中输入 quit 或 exit 命令，退出中文版 AutoCAD 2013。

提示：只关闭文件不退出程序

上面的操作方法都是退出整个应用程序，如果仅仅只是想关闭某个窗口或图形文件，则操作如下：

- 选择"文件"→"关闭"菜单命令。
- 单击右上角该图形窗口上的"关闭"按钮▣。
- 选择"窗口"→"关闭"菜单命令，如果选择"全部关闭"命令则关闭所有打开的图形文件窗口。

1.1.3 AutoCAD 2013 的新增功能

AutoCAD 2013 对许多功能都进行了增强，例如，在命令行可以对命令选项进行单击操作，可以同时对多个填充图案进行编辑，可以由三维实体图形转化成二维图形，以及对阵列命令补充了面板操作等。

1．在命令行单击选择选项

在 AutoCAD 2013 之前的版本，对于一个操作命令，如果有多个选项，只能在命令行输入选项的简写字母来进行选择，而 AutoCAD 2013 用鼠标单击该选项即可进行选择。如单击"常用"→"绘图"→" （圆）"按钮，AutoCAD 命令行提示如下：

> 指定圆的圆心或 [三点(3P)/两点(2P)/切点、切点、半径(T)]:

将鼠标移动到相应的选项（三点/两点/切点、切点、半径）上面，当鼠标变成手的形状时单击即可使用该选项相应的方法来绘制圆。

2. 同时对多个填充图案进行编辑

在 AutoCAD 2013 之前的版本，对于填充图案只能一个一个地进行编辑，但是对于 AutoCAD 2013 的用户则可以一次性选择多个填充图案同时进行编辑。

具体操作步骤如下：

Step 01 打开随书附带的光盘文件，如图 1-11 所示。

Step 02 单击选择图中所有的填充线，如图 1-12 所示。

图 1-11　　　　　　　　　　　　　图 1-12

Step 03 在弹出的"图案填充编辑器"选项卡中选择"图案"面板上的 ANSI31，在"特性"面板上将比例改为 0.5，如图 1-13 所示。

Step 04 修改完成后单击"关闭图案填充编辑器"按钮，结果显示如图 1-14 所示。

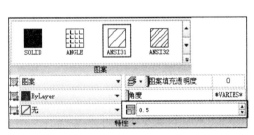
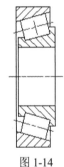

图 1-13　　　　　　　　　　　　　图 1-14

3. 由三维对象生成二维图形

AutoCAD 2013 也可以像其他三维软件一样，由三维对象生成二维图形。由三维对象生成二维图形是 AutoCAD 的重大突破。

由三维对象生成二维图形的具体操作步骤如下：

Step 01 打开随书附带的光盘文件，如图 1-15 所示。

Step 02 单击"布局"→"创建视图"→"基础"→"从模型空间"按钮，然后按【Enter】键确认整个图形为选择对象，并按【Enter】键接受默认布局 1。在弹出的"工程视图创建"选项卡的"外观"面板上选择"可见线"选项，如图 1-16 所示。

图 1-15

图 1-16

Step 03 在合适的位置单击放置视图，如图 1-17 所示。

Step 04 第一个视图放置好之后按【Enter】键确定，然后拖动鼠标放置第二个视图，如图 1-18 所示。

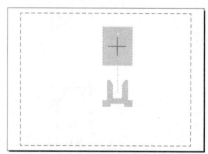

图 1-17

图 1-18

Step 05 第二个视图放置好之后继续拖动鼠标放置三维视图，如图 1-19 所示。

Step 06 单击确定放置之后退出"工程视图创建"，结果如图 1-20 所示。

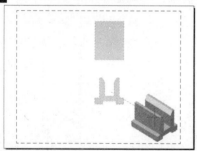

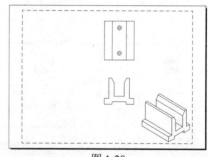

图 1-19

图 1-20

Step 07 单击"布局"→"创建视图"→"截面"→"全剖"按钮，然后选择俯视图为父视图，接着指定剖切的位置，如图 1-21 所示。

Step 08 拖动鼠标在俯视图的左侧单击，并按【Enter】键结束全剖视图，结果如图 1-22 所示。

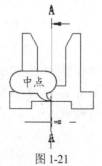

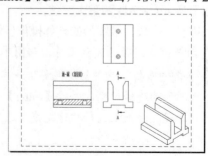

图 1-21

图 1-22

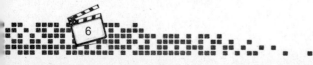

提示：编辑视图

双击创建的视图可以对其进行编辑。

1.2　AutoCAD 2013 的工作界面

中文版 AutoCAD 2013 提供了"草图与注释"、"三维基础"、"三维建模"和"AutoCAD经典"4 种工作空间。图 1-23 所示为草图与注释界面。

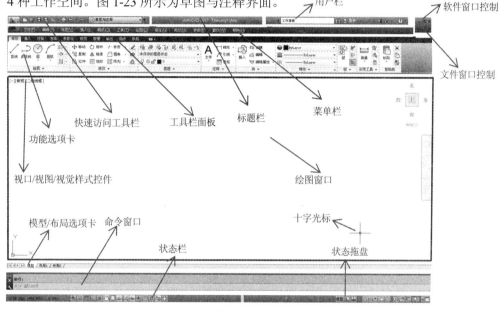

图 1-23

1.2.1　工作空间及工作空间的切换

AutoCAD 2013 包括"草图与注释"、"三维基础"、"三维建模"和"AutoCAD 经典"4种工作空间类型，用户可以根据需要更换工作空间。切换工作空间的具体方法如下：

Step 01　首先启动 AutoCAD 2013，然后单击工作界面右下角的"切换工作空间"按钮 ，在弹出的菜单中选择需要切换的工作空间选项，如图 1-24 所示。

Step 02　单击"快速访问"工具栏的下拉按钮，从中选择相应的工作空间，如图 1-25 所示。

图 1-24

图 1-25

1.2.2　标题栏

在中文版 AutoCAD 2013 工作界面的最上端是标题栏。在标题栏中，显示系统当前正在使用的图形文件。在第一次启动 AutoCAD 2013 时，在标题栏中将显示 AutoCAD 2013 在启动时创建并打开的图形文件的名称 Drawing1.dwg，如图 1-26 所示。

图 1-26

1.2.3　菜单栏与快捷菜单

1. 菜单栏

菜单栏显示在绘图区域的顶部，AutoCAD 2013 中共有 12 个菜单选项，每个菜单选项下都有各类不同的菜单命令供用户使用，如图 1-27 所示。

图 1-27

2. 快捷菜单

在绘图窗口中右击，在十字光标位置附近将会显示快捷菜单。在不同的命令不同选择对象下右击，显示的快捷菜单的内容也不相同。在绘图区域空白处右击，显示的快捷菜单如图 1-28 所示。

提示：显示或隐藏菜单栏

单击快速访问工具栏右侧的下拉按钮，在弹出的下拉列表中选择"显示/隐藏菜单栏"选项即可显示或隐藏菜单栏，如图 1-29 所示。

图 1-28

图 1-29

1.2.4　绘图窗口

　　在 AutoCAD 2013 中，绘图窗口是绘图工作区域，如图 1-30 所示，所有的绘图结果都反映在这个窗口中。单击状态栏最右侧的 ▭ 按钮可以全屏显示图形。如果图纸比较大，需要查看未显示部分时，也可以滚动鼠标滚轮来显示缩放图形。

　　在绘图窗口中除了显示当前的绘图结果外，还显示当前使用的坐标系类型以及坐标原点，X 轴、Y 轴的方向等。默认情况下，坐标系为世界坐标系。

　　绘图窗口的下方有"模型"和"布局"选项卡，单击其选项卡可以在模型空间或布局空间之间切换。

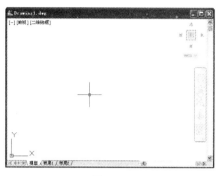

图 1-30

提示：打开或关闭栅格

　　初次使用 AutoCAD 2013 时绘图窗口中栅格处于打开状态，这时可以按【F7】键关闭栅格或者在状态栏中单击 ▦ 按钮关闭栅格。

1.2.5　命令行与文本窗口

1. 命令行窗口

　　命令行窗口位于绘图窗口的底部，用于接收输入的命令，并显示 AutoCAD 的提示信息。在中文版 AutoCAD 2013 中，命令行窗口可以拖放为浮动窗口，如图 1-31 所示。处于浮动状态的命令行窗口随拖放位置的不同，其标题显示的方向也不同。

2. 文本窗口

　　AutoCAD 文本窗口是记录 AutoCAD 命令的窗口，也是放大的命令行窗口，其记录了已执行的命令，也可以用来输入新命令。在中文版 AutoCAD 2013 中，可以选择"视图"→"显示"→"文本窗口"菜单命令，或输入 Textscr 命令，或按【F2】键来打开 AutoCAD 2013 的文本窗口，其记录了对文档进行的所有操作，如图 1-32 所示。

图 1-31

图 1-32

1.2.6 状态栏

状态栏位于工作界面的底部，如图1-33所示，左端显示绘图窗口中光标定位点的坐标X、Y、Z值，右端依次有"推断约束"、"捕捉模式"、"栅格显示"、"正交模式"、"极轴追踪"、"对象捕捉"、"三维对象捕捉"、"对象捕捉追踪"、"允许/禁止动态UCS"、"动态输入"、"显示/隐藏线宽"、"显示/隐藏透明度"、"快捷特性"、"选择循环"和"注释监视器"15个功能开关按钮，单击这些开关按钮，可以实现这些功能的开与关。

2160.3248, 552.9786, 0.0000

图1-33

提示：动态输入

按钮控制着在执行命令时是否可以动态输入。如果该按钮处于打开状态，在执行命令时旁边会有输入提示框。本书如不做特殊说明，该按钮均处于打开状态。

1.2.7 十字光标

在中文版AutoCAD 2013中，光标是以正交十字线形状显示的，所以通常称为十字光标。十字光标的中心代表当前点的位置，移动鼠标即可改变十字光标的位置。十字光标的大小及靶框的大小可以自定义，具体操作步骤如下：

Step 01 选择"工具"→"选项"菜单命令，在"选项"对话框中选择"显示"选项卡，在"十字光标大小"选项区域中输入数值或拖动滑块来控制十字光标的大小，如图1-34所示。

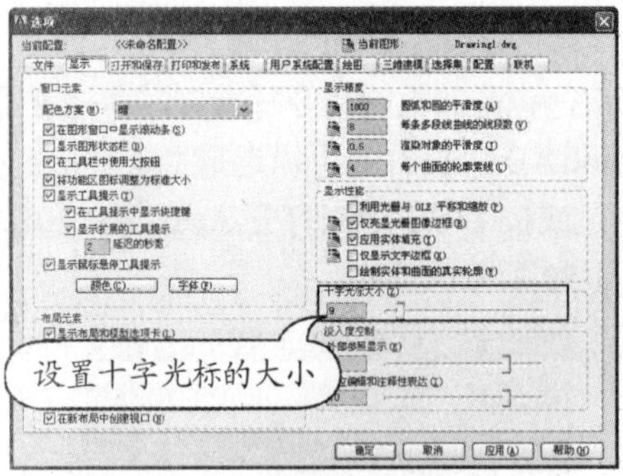

Step 02 选择"绘图"选项卡，在"靶框大小"选项区域中可以通过拖动滑块对十字光标的靶框大小进行控制，还可以预览图标的效果，如图1-35所示。

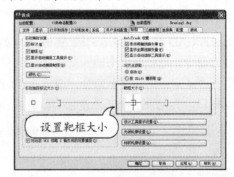

设置十字光标的大小

设置靶框大小

图1-34

图1-35

1.3 图形文件管理

正确管理图形文件是绘图的关键，在设计的过程中为了避免计算机意外故障，随时都需要对文件进行保存。AutoCAD 2013提供了多种保存格式。

1.3.1 新建与打开文件

1. 新建文件

新建图形有以下几种方法。

- 菜单命令："文件"→"新建"。
- 命令：在命令行中输入 New 命令。
- 面板：在快速访问工具栏中单击"新建"按钮▢。

单击"新建"按钮▢，弹出"选择样板"对话
框，如图 1-36 所示。在该对话框中，用户可以在样板
列表框中选中某个样板文件，在右侧的"预览"框中
将显示该样板的预览图像，单击"打开"按钮，可以
将选中的样板文件作为样板来创建新图形。

图 1-36

样板文件中通常包含与绘图相关的一些通用设
置，如图层、线型、文字样式等。利用样板创建新图形不仅提高了绘图的效率，而且还保证
了图形的一致性。

2. 打开文件

打开文件有以下几种方法。

- 菜单命令："文件"→"打开"。
- 命令：在命令行中输入 Open 命令。
- 面板：在快速访问工具栏中单击"打开"按钮▷。

单击"打开"按钮▷，弹出"选择文件"对话框，
如图 1-37 所示。在该对话框中，用户可以在文件列表
框中选中某一图形文件，在右侧的"预览"框中将显
示该图形的预览图像。

图 1-37

单击"打开"按钮旁边的下拉按钮，如图 1-38 所示，选择"局部打开"选项，弹出"局
部打开"对话框。在该对话框中选择要打开的图层，如图 1-39 所示，然后单击"打开"按钮，
程序自动将所选的图层打开。

选择"以只读方式打开"打开的文件改动后只接受另存为的形式保存。

图 1-38

图 1-39

1.3.2 保存与另存文件

1. 保存文件

保存文件有以下几种方法。

- 菜单命令："文件"→"保存"。
- 命令：在命令行中输入 save 命令。
- 面板：在快速访问工具栏中单击"保存"按钮 █。

单击"保存"按钮 █，用户在第一次保存创建的图形时，系统将打开"图形另存为"对话框，如图 1-40 所示。

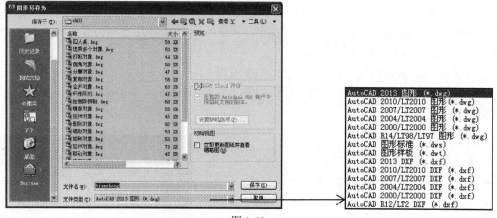

图 1-40

用户可以在"文件类型"下拉列表框中选择其他格式。

2. 另存文件

另存文件有以下几种方法。

菜单命令："文件"→"另存为"。

命令：在命令行中输入 save as 命令。

面板：在快速访问工具栏中单击"另存为"按钮 █。

单击"另存为" █ 按钮，弹出"图形另存为"对话框，在该对话框中可以设置存储路径和文件名，与保存文件的方法相同。

1.3.3 图形文件输出

图形文件的输出是为了将图形文件用其他格式来打开，可以将 AutoCAD 2013 中的图形输出为*.dwf、*.dwfx、*.fbx、*.wmf、*.sat、*.igs 等格式。

选择"文件→输出"菜单命令，在弹出的"输出数据"对话框中选择输出文件的类型、文件名称、路径后单击"保存"按钮，程序自动将图形文件进行数据转换，如图 1-41 所示。

图 1-41

1.3.4　加密图形文件

在设计的过程中为了保证文件的安全性，可以给图形文件设置密码，具体的操作步骤如下：

Step 01　单击"另存为"按钮，在弹出的"图形另存为"对话框中单击"工具"旁下的下拉按钮，选择"安全选项"选项，如图 1-42 所示。

Step 02　弹出"安全选项"对话框，在"密码"选项卡中输入密码，然后单击"确定"按钮，如图 1-43 所示。

图 1-42

图 1-43

Step 03　在弹出的"确认密码"对话框中再次输入密码，并单击"确定"按钮，如图 1-44 所示。

Step 04　回到"图形另存为"对话框中，单击"保存"按钮，如图 1-45 所示。

图 1-44

图 1-45

Step 05 再次打开图形文件时，会弹出"密码"对话框，在该对话框中输入密码，然后单击"确定"按钮才能打开图形，如图 1-46 所示。

图 1-46

实例练习 创建标准样板文件

用户可以将自己设置好的图样作为 AutoCAD 的样板文件，使用合适的样板文件不仅可以节省大量的绘图时间，而且还可以提高绘图的精度。默认情况下，样板文件都保存在 Template 文件夹中，新建图形文件并选择样板时，系统会自动指向该文件夹。

Step 01 启动中文版 AutoCAD 2013，新建一个.dwg 文件，如图 1-47 所示。

Step 02 选择"格式"→"图形界限"菜单命令，AutoCAD 提示如图 1-48 所示。

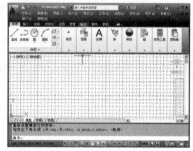

图 1-47

图 1-48

Step 03 然后选择"格式"→"单位"菜单命令，弹出"图形单位"对话框，在"长度"选项下设置"精度"为"0.00"，在"角度"选项下设置"精度"为"0.0"，在"插入时的缩放单位"选项下设置单位为"毫米"，最后单击"确定"按钮，如图 1-49 所示。

Step 04 设置好后，单击"另存为"按钮，弹出"图形另存为"对话框，在"文件类型"下拉列表框中选择"AutoCAD 图形样板（*.dwt）"类型，然后在"文件名"文本框中输入"标准样板文件"字样，最后单击"保存"按钮，如图 1-50 所示。

图 1-49

图 1-50

Step 05　启动中文版 AutoCAD 2013，单击
"新建"按钮，在"选择样板"对话框中
可以看到刚才创建的"标准样板文件.dwt"样
板，如图 1-51 所示。

图 1-51

1.4　草图设置

AutoCAD 2013 中提供了一些辅助绘图工具，使用这些工具可以快速绘制精确的图形，
而无须烦琐的计算。

1.4.1　捕捉和栅格

选择"工具→绘图设置"菜单命令，弹出"草图设置"
对话框，选择"捕捉和栅格"选项卡，可以设置捕捉模式和
栅格模式，如图 1-52 所示。

图 1-52

- "启用捕捉"复选框：该复选框用于打开或关闭捕捉
  方式（快捷键【F9】）。
- "启用栅格"复选框：该复选框用于打开或关闭栅格
  方式（快捷键【F7】）。
- 在"捕捉类型"选项区域中选择"栅格捕捉"单选按
  钮，设置捕捉样式为栅格；选择"矩形捕捉"单选按
  钮，可将捕捉样式设置为标准矩形捕捉模式，即光标
  可以捕捉一个矩形栅格；选择"等轴测捕捉"单选按钮，可将捕捉样式设置为等轴测
  捕捉模式，光标将捕捉到一个等轴测捕捉栅格。

提示：鼠标不受控制的原因

勾选"启用捕捉"复选框后光标在绘图屏幕上按指定的步距移动，隐含的栅格
点对光标有吸附作用，即能够捕捉光标，使光标只能落在由这些点确定的位置上，
因此使光标只能按指定的步距移动，而使得鼠标不受控制，选不到其他任务里想要
的点或线条。这时只要按【F9】键关闭"启用捕捉"，或者选择"工具→选项→绘
图→自动捕捉→"菜单命令，取消勾选"磁性"复选框，这样就可以自由、准确地
选择任何对象了。

1.4.2　极轴追踪设置

在"草图设置"对话框中单击"极轴追踪"选项卡，可以进行极轴追踪设置，如图 1-53 所示。使用极轴追踪，光标将按指定角度及该角度的整数倍进行移动。在创建或修改对象时，可以使用"极轴追踪"以显示刚刚设置好的极轴角度的临时对齐路径（辅助线）。

图 1-53

- "增量角"下拉列表框：用于设置极轴追踪对齐路径的极轴角度增量，可以直接输入角度值，也可以在增量角下拉列表框中选择 90、45、30 或 22.5 等常用角度。当启用极轴追踪功能之后，系统将自动追踪该角度整数倍的方向。
- "附加角"复选框：勾选此复选框，然后单击"新建"按钮可以在左侧窗格中设置增量角之外的附加角度。
- "极轴角测量"选项区域：用于选择极轴追踪对齐角度的测量基准。若选择"绝对"单选按钮，将以当前用户坐标系（UCS）的 X 轴正向为基准确定极轴追踪的角度；若选择"相对上一段"单选按钮，将根据上一次绘制线段的方向为基准确定极轴追踪的角度。

提示：附加角不显示倍数

附加角只显示该角度本身，而不显示其倍数角。

1.4.3　对象捕捉设置

在中文版 AutoCAD 2013 中，可以通过"草图设置"对话框设置对象捕捉功能，如图 1-54 所示。在该对话框中设置的捕捉功能将一直延续到下次修改。

当临时需要指定点时，可以按下【Shift】键或者【Ctrl】键，然后右击，弹出对象捕捉快捷菜单，如图 1-55 所示。选择需要的子命令，再把光标移到要捕捉对象的特征点（端点、中点、圆心、交点等）附近，即可捕捉到相应的对象特征点。快捷菜单的捕捉功能是临时捕捉，即使用过后自动消失，下次使用还需要重新调用选取。

1.5　系统选项设置

系统选项设置包括显示设置、打开和保存设置、打印和发布设置、系统设置、用户系统配置设置、绘图设置、三维建模设置和选择集设置等。这些设置都位于"选项"对话框中。调用"选项"对话框的方法有以下两种。

菜单命令：选择"工具"→"选项"菜单命令，弹出"选项"对话框，如图 1-56 所示。

命令：op+空格键。

图 1-54　　　　　　　　图 1-55　　　　　　　　　　图 1-56

1.5.1　显示设置

显示设置用于设置窗口的明暗、背景颜色、字体样式、颜色和显示的精确度、显示性能及十字光标的大小等。

1. 在图形窗口中显示滚动条

选择该选项后绘图窗口底部和右侧将显示滚动条，如图 1-57 所示。

2. 显示工具提示

选择该选项后将光标移动到功能区、菜单栏、工具栏上将出现提示信息，如图 1-58 所示。

图 1-57　　　　　　　　　　　　图 1-58

3. 显示鼠标悬停工具提示

选择该选项后将鼠标放到图形对象上将会出现提示信息，如图 1-59 所示。

4. 颜色设置

在"显示"选项卡的"窗口元素"选项区域中单击"颜色"按钮，弹出"图形窗口颜色"对话框，在该对话框中可以设置窗口的背景颜色、光标颜色、栅格颜色等，如图 1-60 所示。

图 1-59　　　　　　　　　　　图 1-60

1.5.2　打开与保存设置

1. 另存为和保持图形尺寸兼容性

该选项可以设置文件保存的格式和版本，可以保存为早期版本的文件样式便于早期版本软件来打开。勾选"保持图形尺寸兼容性"复选框可让用户保存更大的图形对象，如图1-61所示。

2. 自动保存和最近使用的文件数

在"文件安全措施"选项区域中勾选"自动保存"复选框可以设置保存文件的间隔分钟数，这样可以避免因为意外发生造成的数据丢失。

提示：如何打开备份文件和临时文件

如果勾选了"每次保存时均创建备份副本"复选框，在保存时除了一个.dwg格式的正文件和一个.bak格式的备份文件，若正文件损毁，可把备份文件扩展名的.bak改为.dwg生成一个同样的文件。

如果因为突然断电或死机造成文件没有保存，可以在"选项"对话框中选择"文件"选项卡，点选"自动保存文件位置"前面的田展开得到系统自动保存的临时文件路径，如图1-62所示。

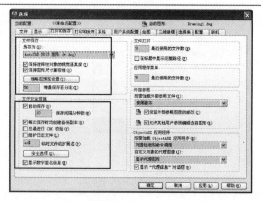

图 1-61

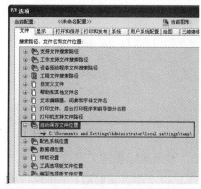

图 1-62

1.5.3　打印和发布设置

在"打印和发布"选项卡中可以设置打印机的类型、打印文件的默认位置、自动发布、打印样式表设置和打印戳记设置等。

在"新图形的默认打印设置"选项区域中选中"用作默认输出设备"单选按钮，即可激活已有的打印设备或设置的虚拟打印机。

在"打印到文件"选项区域中可以设置图形输出的路径位置，使用虚拟打印机时打印输出的图纸就在该路径下面，如图1-63所示。

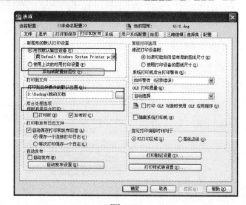

图 1-63

1.5.4　用户系统配置

用户系统配置可以设置是否采用 Windows 标准操作、插入比例、坐标数据输入的优先级、关联标注、块编辑器设置、线宽设置、默认比例列表等相关参数，如图 1-64 所示。

1．Windows 标准操作

勾选"双击进行编辑"复选框后，在绘图的时候可以双击图形出现快捷选项板进行编辑。

勾选"绘图区域中使用快捷菜单"复选框并单击"自定义右键单击"按钮，在弹出的"自定义右键单击"对话框中根据需要进行设置，如图 1-65 所示。

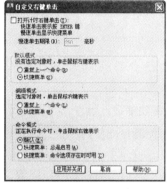

图 1-64　　　　　　　　　　　　　　　　　图 1-65

选中"重复上一个命令"单选按钮来代替空格键和【Enter】键。设置此项后，在画图时如果要重复上一个命令的话只需右击即可。

选中"正在执行命令时，单击鼠标右键表示"选项区域中的"确认"单选按钮，则在完成图形选择后或完成绘图后直接右击结束选择或绘图命令。

提示：AutoCAD 中鼠标滚轮的应用

在 AutoCAD 中，双击滑轮则显示出视图中所有的对象，上下滚动滑轮则放大/缩小视图，摁住滑轮当光标变成小抓手时可以平移视图。"【Shift】键+鼠标滚轮"可以旋转视图，更换视图的观察角度。

2．插入比例

可以设置在插入对象时源内容的比例和目标图形单位。

3．坐标数据输入的优先级

可以设置对象捕捉、坐标输入的优先级。

4．线宽设置

单击"线宽设置"按钮，弹出"线宽设置"对话框，在该对话框中可以设置线宽、列出单位和调整显示比例，如图 1-66 所示。

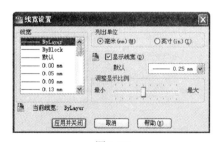

图 1-66

1.5.5 绘图设置

绘图设置可以设置绘制二维图形时的相关选项，包括自动捕捉设置、自动捕捉标记大小、对象捕捉选项以及靶框大小等，如图 1-67 所示。

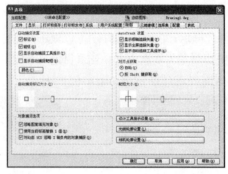

图 1-67

1. 自动捕捉设置

可以控制自动捕捉标记、工具提示和磁吸的显示。

开启磁吸命令，绘图时，当光标靠近对象时，按【Tab】键可以切换对象所有可用的捕捉点。即使不靠近该点，也可以吸取该点成为直线的一个端点，如图 1-68 所示。

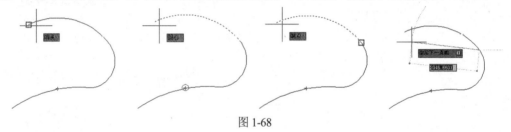

图 1-68

2. 对象捕捉选项

"忽略图案填充对象"可以在捕捉对象时忽略填充的图案，这样就不会捕捉到填充图案中的点，如图 1-69 所示。

3. AutoTrack 设置

"AutoTrack 设置"选项区域中的选项可以设置是否显示极轴追踪矢量、是否显示全屏追踪矢量、是否显示自动追踪工具提示，如图 1-70 所示。

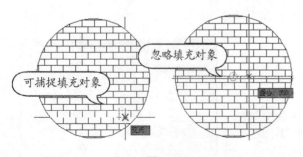

图 1-69

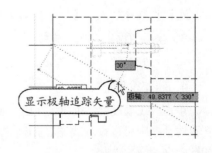

图 1-70

第2章

绘制二维图形

AutoCAD 2013 具有强大的二维绘图功能，使用户能够轻松地完成图形的绘制，与手工绘图相比提高了绘图效率。

所有图形都是由对象组成的，使用 AutoCAD 2013 可以绘制各种类型的二维对象，如直线、构造线、圆、圆弧、椭圆、样条曲线、螺旋线、矩形、正多边形等。

视频文件：光盘\视频演示\CH02

视频时间：19 分钟

2.1　绘制点

点是构建图形的基础，图形是无数个点的集合。点可以通过指定坐标值产生，也可以在已有对象的基础上创建。

2.1.1　设置点样式

在创建点之前，为了便于观察，需要设置点的样式。选择"格式→点样式"菜单命令，在弹出的"点样式"对话框中可以选择一种点样式，然后可以设置点样式的参照标准。选中"相对于屏幕设置大小"单选按钮，设置点大小以百分比的形式出现；选中"按绝对单位设置大小"单选按钮，设置点以实际数值来表示点的大小，如图 2-1 所示。

图 2-1

2.1.2　定数等分

定数等分点是通过指定等分的段数来定义点，被选择的对象将被定数等分点平均等分长度。调用定数等分点命令的方法如下。

● 菜单命令："绘图"→"点"→"定数等分"。
● "常用"选项卡："绘图"面板下拉菜单→ 按钮。
● 命令：div（divide）+空格键。

原始文件：Sample \原始文件\ch02\定数等分.dwg
最终文件：Sample \结果文件\ch02\定数等分.dwg

Step 01　打开随书光盘原始文件，如图 2-2 所示。

Step 02　在命令行输入 div 并按空格键，然后选择要定数等分的对象，如图 2-3 所示。

图 2-2

图 2-3

Step 03　然后输入线段数目为 10，按【Enter】键，如图 2-4 所示。

Step 04　程序自动将选取的对象定数等分到指定的位置，如图 2-5 所示。

图 2-4

图 2-5

提示：定数等分的规律

① 对于选择的对象要分闭合与非闭合对象，因为输入的是等分的段数，而不是等分点的个数。所以如果选择的对象是非闭合对象的话，要将其分成 N 份，实际上只生成 N-1 个点；而选择对象是闭合对象的话，将其分成 N 份时会生成 N 个点。

② 每次只能对一个对象进行操作，而不能对一组对象进行操作。

2.1.3　定距等分

定距等分是将所选线段按照指定的距离进行平分，最后一段平分的线段可能达不到指定的长度。

命令调用方法如下。

- 菜单命令："绘图"→"点"→"定数等分"。
- "常用"选项卡："绘图"面板下拉菜单→ 按钮。
- 命令：me（measure）+空格键。

原始文件：Sample \原始文件\ch02\定距等分.dwg

最终文件：Sample \结果文件\ch02\定距等分.dwg

Step 01 打开随书光盘原始文件，如图 2-6 所示。

Step 02 在命令行输入 me 并按空格键，然后选择要定距等分的对象，如图 2-7 所示。

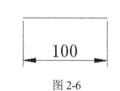

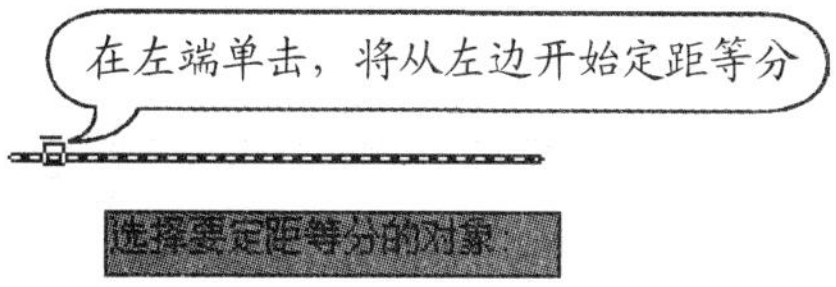

图 2-6

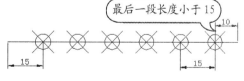

图 2-7

Step 03 然后输入线段的长度为 15，如图 2-8 所示。

Step 04 程序自动将选取的对象定距等分到指定的位置，如图 2-9 所示。

图 2-8

图 2-9

提示：定距等分的规律

在绘制定距等分点时，距离选择对象点较近的端点作为起始位置进行等分。若对象总长不能被指定的间距整除，则最后一段小于指定的间距。

2.2 线型结构

在绘图中经常用到各种线段，线段是构建图形的基础，它一般由开始点和结束点构成。

2.2.1 直线

调用直线命令的方法如下。

- 菜单命令："绘图"→"直线"。
- "常用"选项卡："绘图"面板→╱按钮。
- 命令：1（line）+空格键。

原始文件：Sample \原始文件\ch02\直线.dwg
最终文件：Sample \结果文件\ch02\直线.dwg

Step 01 打开随书光盘原始文件，如图 2-10 所示。

Step 02 打开直线命令，捕捉大圆圆心为直线的第一点，如图 2-11 所示。

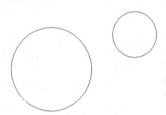

图 2-10

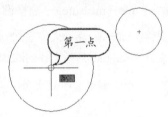

图 2-11

Step 03 捕捉小圆圆心为第二点，如图 2-12 所示。

Step 04 按空格键或【Enter】键结束命令，如图 2-13 所示。

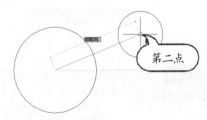

图 2-12

图 2-13

2.2.2 射线

射线经常用做检验制图中视图之间的对应关系，该实例就通过射线来验证主视图和左视图是否对齐。

调用射线命令的方法如下。

- 菜单命令："绘图"→"射线"。
- "常用"选项卡："绘图"面板→╱按钮。
- 命令：ray（ray）+空格键。

原始文件：Sample \原始文件\ch02\射线.dwg

最终文件：Sample \结果文件\ch02\射线.dwg

Step 01　打开随书光盘原始文件，如图 2-14 所示。

Step 02　调用射线命令，以图中的交点为射线的起点，如图 2-15 所示。

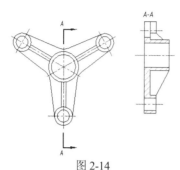

图 2-14

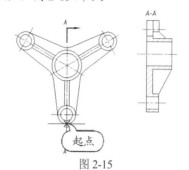

图 2-15

Step 03　然后画出一条射线，就可以检验两个视图是否对齐，如图 2-16 所示。

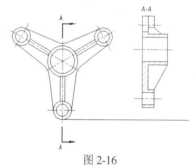

图 2-16

2.2.3　构造线

构造线是一条可以向两个方向无限延伸的直线，它没有起点和终点，但是有中点。构造线多用于绘制各种辅助线，该实例就通过构造线来绘制通过圆心的两条垂直线。

命令调用方法如下。

● 菜单命令："绘图" → "构造线"。

● "常用"选项卡："绘图"面板→ 按钮。

● 命令：xl（xline）+空格键。

原始文件：Sample \原始文件\ch02\构造线.dwg

最终文件：Sample \结果文件\ch02\构造线.dwg

Step 01　打开随书光盘原始文件，如图 2-17 所示。

Step 02　打开构造线命令，当命令行提示指定点时单击圆心，如图 2-18 所示。

图 2-17

图 2-18

Step 03 在图形上的合适位置单击即可创建一条垂直构造线，如图 2-19 所示。

Step 04 将鼠标移动到水平位置，可看到一条水平构造线。单击确定后，按空格键，创建好的构造线如图 2-20 所示。

图 2-19

图 2-20

提示：正交模式

如果绘制的对象是水平或垂直直线，可以将正交模式打开。按【F8】键或单击状态栏中的 └ 按钮即可控制正交模式的打开或关闭。

2.2.4 多线和多线样式

多线是由多条线段构成的平行线，线段之间的间距是恒定的，用户可以自定义多线的线型和线条数量。

1. 多线样式

调用多线样式的方法如下。

- 菜单命令："格式"→"多线样式"。
- 命令：mlstyle+空格键。

Step 01 调用"多线样式"命令，弹出"多线样式"对话框，单击"新建"按钮，如图 2-21 所示。

Step 02 在弹出的"创建新的多线样式"对话框中输入新样式名 MLINE，然后单击"继续"按钮，如图 2-22 所示。

图 2-21

图 2-22

Step 03 在弹出的"新建多线样式：MLINE"对话框中输入"说明"为"间距"，并在"封口"选项区域勾选"直线"作为封口样式，如图 2-23 所示。

Step 04 在"图元"选项区域中连续两次单击"添加"按钮添加两个图元，如图 2-24 所示。

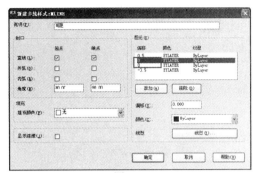

图 2-23　　　　　　　　　　　　　　　　　　　　　　图 2-24

Step 05　在"图元"选项区域中单击要修改的多线，在下方"偏移"文本框中输入要修改的距离，单击"颜色"后面的下拉按钮修改颜色，单击"线型"按钮修改线型，最后单击"确定"按钮，如图 2-25 所示。

Step 06　返回"多线样式"对话框，选中新建的多线样式，单击"置为当前"按钮，然后单击"确定"按钮完成多线样式的创建，如图 2-26 所示。

图 2-25

图 2-26

2. 绘制多线

设置好需要的多线样式以后就可以绘制多线了，下面就来具体介绍多线的绘制步骤。

调用多线命令的方法如下。

● 菜单命令："绘图" → "多线"。

● 命令：ml（mline）+空格键。

原始文件：Sample \原始文件\ch02\构造线.dwg

最终文件：Sample \结果文件\ch02\构造线.dwg

Step 01　打开随书光盘原始文件，如图 2-27 所示。

Step 02　在命令行输入 ml 并按空格键，调用多线命令，AutoCAD 提示如下：

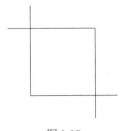

图 2-27

```
命令: _MLINE
当前设置: 对正 = 上，比例 = 20.00，样式 = MLINE
指定起点或 [对正(J)/比例(S)/样式(ST)]: s
输入多线比例 <20.00→: 10
当前设置: 对正 = 上，比例 = 10.00，样式 = MLINE
指定起点或 [对正(J)/比例(S)/样式(ST)]: j
输入对正类型 [上(T)/无(Z)/下(B)]<上→: z
当前设置: 对正 = 无，比例 = 10.00，样式 = MLINE
指定起点或 [对正(J)/比例(S)/样式(ST)]:    //捕捉直线的端点
指定下一点:                              //捕捉直线的端点
指定下一点或 [放弃(U)]:                   //捕捉直线的端点
指定下一点或 [闭合(C)/放弃(U)]:           //按空格键
```

Step 03 绘制结束后效果如图 2-28 所示。

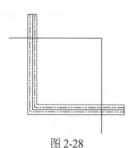

图 2-28

Step 04 重复步骤2继续绘制多线,结果如图 2-29 所示。

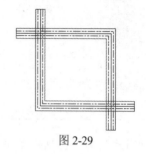

图 2-29

提示:改变线型比例

若多线中的点画线线型没有显示,可以输入 lt,在"线型管理器"中修改"全局比例因子"即可。

2.2.5 矩形

矩形的特点是相邻两条边相互垂直,非相邻的两条边相互平行且长度相等,整个矩形是一个单独的对象。

调用矩形命令的方法如下。

- 菜单命令:"绘图"→"矩形"。
- "常用"选项卡:"绘图"面板→▢按钮。
- 命令:rec(rectang)+空格键。

调用矩形命令,在绘图窗口中单击任意地方为第一个角点,以该点为基点可以向任意方向拖动鼠标并单击绘制一个矩形,如图 2-30 所示。

图 2-30

除了用默认的指定两点绘制矩形外,AutoCAD 还提供了面积绘制、尺寸绘制和旋转绘制等绘制方法,如表 2-1 所示。

表 2-1　矩形的其他绘制方法

绘制方法	绘制步骤	结果图形	相应命令行显示
面积绘制法	① 指定第一个角点。 ② 输入 a 选择面积绘制法。 ③ 输入绘制矩形的面积值。 ④ 指定矩形的长或宽	8 12.5	命令:_RECTANG 指定第一个角点或 [倒角(C)/标高(E)/圆角(F)/厚度(T)/宽度(W)]: //单击指定第一角点 指定另一个角点或 [面积(A)/尺寸(D)/旋转(R)]: a 输入以当前单位计算的矩形面积 <100.0000→: //按空格键接受默认值 计算矩形标注时依据 [长度(L)/宽度(W)] <长度>: //按空格键接受默认值 输入矩形长度 <10.0000→: 8
尺寸绘制法	① 指定第一个角点。 ② 输入 d 选择尺寸绘制法。 ③ 指定矩形的长度和宽度。 ④ 拖动鼠标指定矩形的放置位置	8 12.5	命令:_RECTANG 指定第一个角点或 [倒角(C)/标高(E)/圆角(F)/厚度(T)/宽度(W)]: //单击指定第一角点 指定另一个角点或 [面积(A)/尺寸(D)/旋转(R)]: d 指定矩形的长度 <8.0000→: 8 指定矩形的宽度 <12.5000→: 12.5 指定另一个角点或 [面积(A)/尺寸(D)/旋转(R)]: //拖动鼠标指定矩形的放置位置

续表

绘制方法	绘制步骤	结果图形	相应命令行显示
旋转绘制法	① 指定第一个角点。 ② 输入 r 选择旋转绘制法。 ③ 输入旋转的角度。 ④ 拖动鼠标指定矩形的另一角点或输入 a、d 通过面积或尺寸确定矩形的另一个角点		命令:_RECTANG 指定第一个角点或 [倒角(C)/标高(E)/圆角(F)/厚度(T)/宽度(W)]:　//单击指定第一角点 指定另一个角点或 [面积(A)/尺寸(D)/旋转(R)]: r 指定旋转角度或 [拾取点(P)] <0→>: 45 指定另一个角点或 [面积(A)/尺寸(D)/旋转(R)]: //拖动鼠标指定矩形的另一个角点

提示：矩形的长和宽

在 CAD 的矩形尺寸绘制方法中，长度不是指较长的那条边，宽度也不是指较短的那条边，而是 X 轴方向的边为长度，Y 轴方向的边为宽度。绘制矩形时在指定第一个角点之前选择相应的选项，可以绘制带有倒角、圆角或具有线宽的矩形。如果选择标高和厚度选项，则在三维图形中可以观察到一个长方体。

2.2.6　多边形

多边形是由 3 条或 3 条以上的线段构成的封闭图形，多边形每条边的长度都是相等的。多边形的绘制方法可以分为外切于圆和内接于圆两种。外切于圆是将多边形的边与圆相切，而内接于圆则是将多边形的顶点与圆相接。

调用多边形命令的方法如下。

- 菜单命令："绘图"→"多边形"。
- "常用"选项卡："绘图"面板矩形的下拉列表→⬠按钮。
- 命令：pol（polygon）+空格键。

原始文件：Sample \原始文件\ch02\多边形.dwg

最终文件：Sample \结果文件\ch02\多边形.dwg

已知圆的半径为 30，绘制一个内接于该圆的正七边形和一个外切于圆的正五边形。

1．绘制内接于圆的正七边形

Step 01 在命令行输入 pol 并按空格键，按命令行提示输入侧面数 7，如图 2-31 所示。

Step 02 以圆心为正多边形的中心点，如图 2-32 所示。

图 2-31

图 2-32

Step 03 根据提示输入 i（内接于圆）选项，按【Enter】键，然后输入圆的半径为 "30"，如图 2-33 所示。

Step 04 输入半径后，按【Enter】键，程序会自动按照输入的半径内接到指定的位置，如图 2-34 所示。

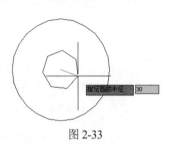

图 2-33

图 2-34

2. 绘制外切于圆的正五边形

Step 01 调用多边形命令,输入侧面数为 5,如图 2-35 所示。

Step 02 以圆心为正多边形的中心点,输入 c(外切于圆),按【Enter】键确定,如图 2-36 所示。

图 2-35

图 2-36

Step 03 输入圆的半径为 "30",如图 2-37 所示。

Step 04 半径输入好后,按【Enter】键,结果如图 2-38 所示。

图 2-37

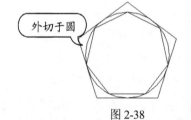

图 2-38

2.3 绘制曲线

在 AutoCAD 中经常用到曲线来绘制图形,曲线包括圆、圆弧、椭圆、椭圆弧等。

2.3.1 绘制圆

AutoCAD 2013 中圆的创建有 6 种方法,如图 2-39 所示,程序默认的创建圆的方式为通过圆心和半径的方式来创建。

命令调用方法如下。

● 菜单命令:"绘图"→"圆"。

● "常用"选项卡:"绘图"面板→ ⊘ 按钮。

● 命令:c(circle)+空格键。

（a）

（b）

图 2-39

圆的各种具体绘制方法如表 2-2 所示。

表 2-2　圆的各种绘制方法

绘制方法	绘制步骤	结果图形	相应命令行显示
圆心、半径/直径	① 指定圆心。 ② 输入圆的半径/直径		命令：_ CIRCLE 指定圆的圆心或 [三点(3P)/两点(2P)/切点、切点、半径(T)]: 指定圆的半径或 [直径(D)]: 45

两点绘圆	① 调用"两点"绘圆命令。
	② 指定直径上的第一点。
	③ 指定直径上的第二点或输入直径长度
			命令：_circle
			指定圆的圆心或 [三点(3P)/两点(2P)/切点、切点、半径(T)]: _2p
			指定圆直径的第一个端点：
			//指定第一点
			指定圆直径的第二个端点：80
			//输入直径长度或指定第二点

三点绘圆	① 调用"三点"绘圆命令。 ② 指定圆周上第一个点。 ③ 指定圆周上第二个点。 ④ 指定圆周上第三个点		命令：_circle 指定圆的圆心或 [三点(3P)/两点(2P)/切点、切点、半径(T)]: _3p 指定圆上的第一个点： 指定圆上的第二个点： 指定圆上的第三个点：
相切、相切、半径	① 调用"相切、相切、半径"绘圆命令。 ② 选择与圆相切的两个对象。 ③ 输入圆的半径		命令：_circle 指定圆的圆心或 [三点(3P)/两点(2P)/切点、切点、半径(T)]: _ttr 指定对象与圆的第一个切点： 指定对象与圆的第二个切点： 指定圆的半径 <35.0000>: 45
相切、相切、相切	① 调用"相切、相切、相切"绘圆命令。 ② 选择与圆相切的 3 个对象		命令：_circle 指定圆的圆心或 [三点(3P)/两点(2P)/切点、切点、半径(T)]: _3p 指定圆上的第一个点：_tan 到 指定圆上的第二个点：_tan 到 指定圆上的第三个点：_tan 到

提示：相切、相切、相切

"相切、相切、相切"绘圆命令只能通过菜单命令或面板调用，命令行中无这一选项。

2.3.2 绘制圆弧

圆弧是圆的一部分。在 AutoCAD 2013 中绘制圆弧的方法有 11 种,具体操作步骤如表 2-3 所示。调用圆弧命令的方法如下。

- 菜单命令:"绘图"→"圆弧",如图 2-40(b)所示。
- "常用"选项卡:"绘图"面板→ 按钮,如图 2-40(a)所示。
- 命令:a(arc)+空格键。

（a）　　　　　　　　　（b）

图 2-40

表 2-3　圆弧的各种绘制方法

绘制方法	绘制步骤	结果图形	相应命令行显示
三点	① 调用"三点"画弧命令。 ② 指定不在同一条直线上的 3 个点即可完成圆弧的绘制		命令:_arc 指定圆弧的起点或 [圆心(C)]: 指定圆弧的第二个点或 [圆心(C)/端点(E)]: 指定圆弧的端点:
起点、圆心、端点	① 调用"起点、圆心、端点"画弧命令。 ② 指定圆弧的起点。 ③ 指定圆弧的圆心。 ④ 指定圆弧的端点		命令:_arc 指定圆弧的起点或 [圆心(C)]: 指定圆弧的第二个点或 [圆心(C)/端点(E)]: _c 指定圆弧的圆心: 指定圆弧的端点或 [角度(A)/弦长(L)]:
起点、圆心、角度	① 调用"起点、圆心、角度"画弧命令。 ② 指定圆弧的起点。 ③ 指定圆弧的圆心。 ④ 指定圆弧所包含的角度。 提示:当输入的角度为正值时,圆弧沿起点方向逆时针生成;当角度为负值时,圆弧沿起点方向顺时针生成		命令:_arc 指定圆弧的起点或 [圆心(C)]: 指定圆弧的第二个点或 [圆心(C)/端点(E)]: _c 指定圆弧的圆心: 指定圆弧的端点或 [角度(A)/弦长(L)]: _a 指定包含角: 120

续表

绘制方法	绘制步骤	结果图形	相应命令行显示
起点、圆心、长度	① 调用"起点、圆心、长度"画弧命令。 ② 指定圆弧的起点。 ③ 指定圆弧的圆心。 ④ 指定圆弧的弦长。 提示：弦长为正值时得到的弧为"劣弧（小于 180°）"；当弦长为负值时，得到的弧为"优弧（大于 180°）"	30	命令: _arc 指定圆弧的起点或 [圆心(C)]: 指定圆弧的第二个点或 [圆心(C)/端点(E)]: _c 指定圆弧的圆心: 指定圆弧的端点或 [角度(A)/弦长(L)]: _l 指定弦长: 30
起点、端点、角度	① 调用"起点、端点、角度"画弧命令。 ② 指定圆弧的起点。 ③ 指定圆弧的端点。 ④ 指定圆弧的角度。 提示：当输入的角度为正值时，起点和端点沿圆弧成逆时针关系；当角度为负值时，起点和端点沿圆弧成顺时针关系	137 指定包含角	命令: _arc 指定圆弧的起点或 [圆心(C)]: 指定圆弧的第二个点或 [圆心(C)/端点(E)]: _e 指定圆弧的端点: 指定圆弧的圆心或 [角度(A)/方向(D)/半径(R)]: _a 指定包含角: 137
起点、端点、方向	① 调用"起点、端点、方向"画弧命令。 ② 指定圆弧的起点。 ③ 指定圆弧的端点。 ④ 指定圆弧的起点切向	指定圆弧的端点切向	命令: _arc 指定圆弧的起点或 [圆心(C)]: 指定圆弧的第二个点或 [圆心(C)/端点(E)]: _e 指定圆弧的端点: 指定圆弧的圆心或 [角度(A)/方向(D)/半径(R)]: _d 指定圆弧的起点切向:
起点、端点、半径	① 调用"起点、端点、半径"画弧命令。 ② 指定圆弧的起点。 ③ 指定圆弧的端点。 ④ 指定圆弧的半径。 提示：当输入的半径值为正值时，得到的圆弧是"劣弧"；当输入的半径值为负值时，输入的圆弧为"优弧"	140 指定圆弧的半径	命令: _arc 指定圆弧的起点或 [圆心(C)]: 指定圆弧的第二个点或 [圆心(C)/端点(E)]: _e 指定圆弧的端点: 指定圆弧的圆心或 [角度(A)/方向(D)/半径(R)]: _r 指定圆弧的半径: 140
圆心、起点、端点	① 调用"圆心、起点、端点"画弧命令。 ② 指定圆弧的圆心。 ③ 指定圆弧的起点。 ④ 指定圆弧的端点	96	命令: _arc 指定圆弧的起点或 [圆心(C)]: _c 指定圆弧的圆心: 指定圆弧的起点: 指定圆弧的端点或 [角度(A)/弦长(L)]:

续表

绘制方法	绘制步骤	结果图形	相应命令行显示
圆心、起点、角度	① 调用"圆心、起点、角度"画弧命令。 ② 指定圆弧的圆心。 ③ 指定圆弧的起点。 ④ 指定圆弧的角度		命令：_arc 指定圆弧的起点或 [圆心(C)]：_c 指定圆弧的圆心： 指定圆弧的起点： 指定圆弧的端点或 [角度(A)/弦长(L)]：_a 指定包含角：170
圆心、起点、长度	① 调用"圆心、起点、长度"画弧命令。 ② 指定圆弧的圆心。 ③ 指定圆弧的起点。 ④ 指定圆弧的弦长。 提示：弦长为正值时得到的弧为"劣弧（小于 180°）"；当弦长为负值时，得到的弧为"优弧（大于 180°）"		命令：_arc 指定圆弧的起点或 [圆心(C)]：_c 指定圆弧的圆心： 指定圆弧的起点： 指定圆弧的端点或 [角度(A)/弦长(L)]：_l 指定弦长：60

提示：输入圆弧参数时的注意事项

绘制圆弧时输入的半径、长度一定要符合实际情况，如果输入的半径、长度值太大或太小都有可能得不到想要的结果。

2.3.3 绘制椭圆和椭圆弧

椭圆是平面上到两定点的距离之和为定值的点的轨迹，椭圆的大小由长轴和短轴决定。命令调用方法如下。

- 菜单命令："绘图"→"椭圆"。
- "常用"选项卡："绘图"面板→ 按钮（可下拉展开选择其他绘制方式）。
- 命令：el（ellipse）+空格键。

绘制椭圆有两种方法，具体如表 2-4 所示。

表 2-4　椭圆的绘制方法

绘制方法	绘制步骤	结果图形	相应命令行显示
指定圆心创建椭圆	① 指定椭圆的中心。 ② 指定一条轴的端点。 ③ 指定或输入另一条半轴的长度		命令：ELLIPSE 指定椭圆的轴端点或 [圆弧(A)/中心点(C)]： 指定轴的另一个端点： 指定另一条半轴长度或 [旋转(R)]：65
"轴、端点"创建椭圆	① 指定一条轴的端点。 ② 指定该条轴的另一端点。 ③ 指定或输入另一条半轴的长度		命令：_ellipse 指定椭圆的轴端点或 [圆弧(A)/中心点(C)]： 指定轴的另一个端点： 指定另一条半轴长度或 [旋转(R)]：32

椭圆弧的绘制方法是先通过绘制椭圆的方法绘制一个椭圆，然后根据提示再确定椭圆弧的起始角和终止角即可。

命令调用方法如下。

- 菜单命令："绘图"→"椭圆弧"。
- "常用"选项卡："绘图"面板"椭圆"按钮下拉列表→按钮。
- 命令：el+空格键 +a。

2.3.4　绘制圆环

圆环是由两个圆心重合的同心圆构成的，创建圆环需要指定圆环的外径和内径。圆环可以是实心的圆环，也可以是空心的圆环。参数 Fill 的值控制着圆环是实心还是空心，当 Fill 的值为 ON 时绘制的是实心圆环，为 OFF 时绘制的是空心圆环。

命令调用方法如下。

- 菜单命令："绘图"→"圆环"。
- "常用"选项卡："绘图"面板下拉列表→◎按钮。
- 命令：do（donut）+空格键。

原始文件：Sample \原始文件\ch02\绘制圆环.dwg
最终文件：Sample \结果文件\ch02\绘制圆环.dwg

Step 01　打开随书光盘原始文件，如图 2-41 所示。在命令窗口中输入 FILL 命令，设置输入模式为 OFF。

Step 02　在命令行输入 do（调用圆环）命令，根据提示输入圆环的内径为 17、外径为 19，然后以圆心作为圆环的中心,结果如图 2-42 所示。

图 2-41

创建的圆环

图 2-42

Step 03　在命令窗口中输入 FILL 命令，将其变量设置为 ON。调用圆环命令，输入圆环内径为 2、外径为 3，然后捕捉圆心作为圆环的中心，如图 2-43 所示。

Step 04　程序自动创建出一个实心的圆环，如图 2-44 所示。

图 2-43

创建的圆环

图 2-44

2.3.5 绘制多段线

多段线是一条连续的线段。多段线可以由直线和圆弧组成，还可以通过设置多段线的宽度来绘制具有线宽的多段线。

命令调用方法如下。

- 菜单命令："绘图"→"多段线"。
- "常用"选项卡："绘图"面板下拉列表→ 按钮。
- 命令：：pl（pline）+空格键。

原始文件：Sample \原始文件\ch02\绘制多段线.dwg

最终文件：Sample \结果文件\ch02\绘制多段线.dwg

Step 01 打开随书光盘原始文件，如图 2-45 所示。

Step 02 在命令行输入 pl 并按空格键，在绘图窗口中指定多段线的起点 A，捕捉直线的 B 点，如图 2-46 所示。

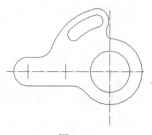

图 2-45

图 2-46

Step 03 在命令窗口中输入 A 切换到圆弧的绘制，然后按【Enter】键，根据提示输入 CE（圆心）选项，以中点为圆弧的圆心，如图 2-47 所示。

Step 04 圆心确定好后，根据提示输入 A（角度）选项，然后按【Enter】键，输入 "-180 度" 后按【Enter】键。输入 L（直线）选项，捕捉 C 点，如图 2-48 所示。

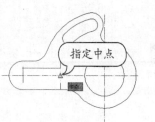

图 2-47

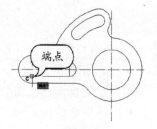

图 2-48

Step 05 在命令窗口中输入 A 切换到圆弧的绘制，然后根据提示输入 CE（圆心）选项后按【Enter】键，以中点为圆弧的圆心，如图 2-49 所示。

Step 06 根据提示在命令窗口中输入 A（角度）选项后，按下【Enter】键。输入 "-180 度" 后按【Enter】键，多线段就绘制好了，结果如图 2-50 所示。

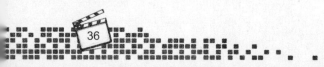

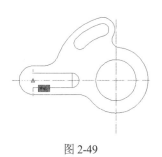

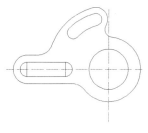

图 2-49　　　　　　　　　　　　　　　　　　　图 2-50

2.3.6　绘制样条曲线

样条曲线是经过或靠近一组拟合点或控制框的顶点定义的平滑曲线。样条曲线一般用于将较长的零件图形从中间断开，或绘制等高线等。下面就来介绍样条曲线的绘制。

命令调用方法如下。

- 菜单命令："绘图"→"样条曲线"。
- "常用"选项卡："绘图"面板下拉列表→ꘫꘫ按钮。
- 命令：spl（spline）+ 空格键。

原始文件：Sample \原始文件\ch02\绘制样条曲线.dwg
最终文件：Sample \结果文件\ch02\绘制样条曲线.dwg

Step 01 选择"绘图→样条曲线→拟合点"命令，在绘图窗口中分别指定样条曲线要经过的端点，最后按【Enter】键结束绘图命令，如图 2-51 所示。

Step 02 重复操作步骤 1 绘制第二条样条曲线，完成后的样条曲线效果如图 2-52 所示。

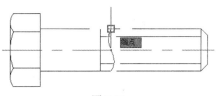

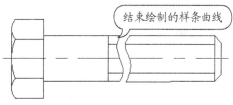

图 2-51　　　　　　　　　　　　　　　　　　　图 2-52

2.4　创建面域

面域是用闭合的形状或环创建的二维区域。闭合的多段线、闭合的多条直线和闭合的多条曲线都是有效的选择对象。曲线包括圆弧、圆、椭圆弧、椭圆和样条曲线。

2.4.1　REGION 命令创建面域

命令调用方法如下。

- 菜单命令："绘图"→"面域"。
- "常用"选项卡："绘图"面板下拉列表→按钮。

- 命令：reg（region）+空格键。

下面用 region 命令来创建面域，具体的操作步骤如下：

原始文件：Sample \原始文件\ch02\用 "REGION" 命令创建面域.dwg
结果文件：Sample \结果文件\ch02\用 "REGION" 命令创建面域.dwg

Step 01 打开随书光盘原始文件，如图 2-53 所示。

Step 02 在命令行输入 reg 调用面域命令，然后在绘图窗口直选择要创建面域的对象，如图 2-54 所示。

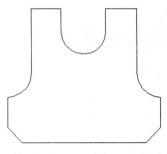

图 2-53

图 2-54

Step 03 按【Enter】键结束命令，将鼠标放在图形上就会看到面域提示，如图 2-55 所示。

图 2-55

2.4.2 用边界的方法创建面域

边界是用于从封闭区域创建多段线或面域的命令。该命令能够分析一个区域并忽略那些给 "面域" 命令造成麻烦的相交线。但是，用 "边界" 命令创建面域时，对象之间不允许有间隙。

命令调用方法如下。

- 菜单命令："绘图"→"边界"。
- "常用"选项卡："绘图"面板 "图案填充"下拉列表→□按钮。
- 命令：bo（boundary）+空格键。

原始文件：Sample \原始文件\ch02\用边界的方法创建面域.dwg
结果文件：Sample \结果文件\ch02\用边界的方法创建面域.dwg

Step 01 打开随书光盘原始文件，如图 2-56 所示。

Step 02 在命令行输入 bo（调用边界）命令，在弹出的"边界创建"对话框中选择"对象类型"下拉列表中的"面域"选项，如图 2-57 所示。

图 2-56

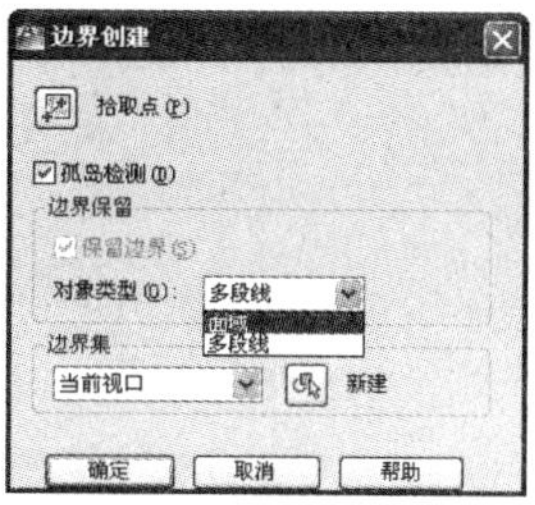

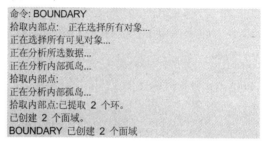

图 2-57

Step 03　选择图形内部点，创建面域，如图 2-58 所示。

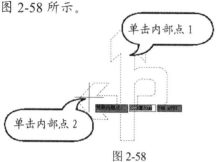

单击内部点 1

单击内部点 2

图 2-58

Step 04　按【Enter】键，结束命令，命令行提示如下：

命令: BOUNDARY
拾取内部点: 正在选择所有对象…
正在选择所有可见对象…
正在分析所选数据…
正在分析内部孤岛…
拾取内部点:
正在分析内部孤岛…
拾取内部点:已提取 2 个环。
已创建 2 个面域。
BOUNDARY 已创建 2 个面域

提示：边界创建面域

AutoCAD 2013 默认边界创建后不删除原对象，也就是说，边界创建完成后可以移动到其他地方，而原图形依然存在。

2.5　实例练习：绘制衣柜

衣柜的绘制主要分 3 步，即衣柜的轮廓、衣柜的修饰图案和镜像填充完善图形。绘制完成后结果如图 2-59 所示。

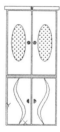

图 2-59

原始文件：无
结果文件：Sample\结果文件\ch02\衣柜.dwg

2.5.1　绘制衣柜轮廓

本节就来绘制衣柜的轮廓。衣柜的轮廓主要由矩形构成，然后通过直线命令绘制衣柜的隔断。

Step 01 启动 AutoCAD 2013,新建一个图形文件,在命令行输入 rec 调用矩形命令,AutoCAD 命令行提示如下:

```
命令: _RECTANG    指定第一个角点或 [倒角(C)/标高(E)/圆
角(F)/厚度(T)/宽度(W)]: 0,0
指定另一个角点或 [面积(A)/尺寸(D)/旋转(R)]:  500,1100
命令:RECTANG      指定第一个角点或 [倒角(C)/标高(E)/圆角
(F)/厚度(T)/宽度(W)]: -20,1100
指定另一个角点或 [面积(A)/尺寸(D)/旋转(R)]: 520,1130
命令:RECTANG      指定第一个角点或 [倒角(C)/标高(E)/圆角
(F)/厚度(T)/宽度(W)]: 10,480
指定另一个角点或 [面积(A)/尺寸(D)/旋转(R)]: 245,1090
命令:RECTANG      指定第一个角点或 [倒角(C)/标高(E)/圆角
(F)/厚度(T)/宽度(W)]: 10,10
指定另一个角点或 [面积(A)/尺寸(D)/旋转(R)]: 245,450
```

Step 02 绘制结束后结果如图 2-60 所示。

图 2-60

Step 03 在命令行输入 l 调用直线命令,AutoCAD 命令行提示如下:

```
命令: _LINE
指定第一个点: 0,470
指定下一点或 [放弃(U)]: @500,0
指定下一点或 [放弃(U)]:      //按空格键结束命令
命令: LINE
指定第一个点: 0,460
指定下一点或 [放弃(U)]: @500,0
指定下一点或 [放弃(U)]:      //按空格键结束命令
```

Step 04 直线绘制结束后,结果如图 2-61 所示。

图 2-61

2.5.2 绘制衣柜的修饰图案

本节就来绘制衣柜上的修饰图案。绘制衣柜的修饰图案主要用到多段线、样条曲线、椭圆、圆、多边形、直线等命令。

Step 01 在命令行输入 pl 并按空格键调用多段线命令,AutoCAD 命令行提示如下:

```
命令: _PLINE    指定起点: 225,210    当前线宽为 0.0000
指定下一个点或 [圆弧(A)/半宽(H)/长度(L)/放弃(U)/宽度(W)]:
@0,40
指定下一点或 [圆弧(A)/闭合(C)/半宽(H)/长度(L)/放弃(U)/宽度
(W)]: a
指定圆弧的端点或[角度(A)/圆心(CE)/闭合(CL)/方向(D)/半宽(H)/
直线(L)/半径(R)/第二个点(S)/放弃(U)/宽度(W)]: r
指定圆弧的半径: 20
指定圆弧的端点或 [角度(A)]: @0,-40
指定圆弧的端点或[角度(A)/圆心(CE)/闭合(CL)/方向(D)/半宽(H)/
直线(L)/半径(R)/第二个点(S)/放弃(U)/宽度(W)]:
//按空格键结束命令
```

Step 02 绘制结束后,结果如图 2-62 所示。

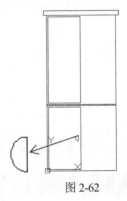

图 2-62

Step 03 在命令行输入 spl 并按空格键调用样条曲线命令,AutoCAD 命令行提示如下:

Step 04 绘制结束后,结果如图 2-63 所示。

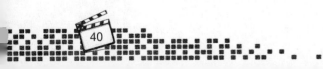

```
命令:_SPLINE    当前设置: 方式=拟合    节点=弦
指定第一个点或 [方式(M)/节点(K)/对象(O)]:   //捕捉中点
输入下一个点或 [起点切向(T)/公差(L)]: 75,350
输入下一个点或 [端点相切(T)/公差(L)/放弃(U)]: 111,230
输入下一个点或 [端点相切(T)/公差(L)/放弃(U)/闭合(C)]:
160,125
输入下一个点或 [端点相切(T)/公差(L)/放弃(U)/闭合(C)]: 127,10
输入下一个点或 [端点相切(T)/公差(L)/放弃(U)/闭合(C)]:
//空格键
命令:SPLINE     当前设置: 方式=拟合    节点=弦
指定第一个点或 [方式(M)/节点(K)/对象(O)]:   //捕捉中点
输入下一个点或 [起点切向(T)/公差(L)]: 100,340
输入下一个点或 [端点相切(T)/公差(L)/放弃(U)]: 140,245
输入下一个点或 [端点相切(T)/公差(L)/放弃(U)/闭合(C)]:
190,130
输入下一个点或 [端点相切(T)/公差(L)/放弃(U)/闭合(C)]: 127,10
输入下一个点或 [端点相切(T)/公差(L)/放弃(U)/闭合(C)]:
//空格键
```

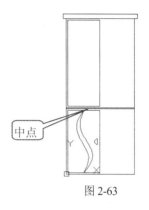

图 2-63

Step 05　选择"绘图→椭圆→圆心"菜单命令，以(120,785)为圆心，以(120,960)为轴的端点，当命令行提示输入另一条半轴长的时候输入 70，结果如图 2-64 所示。

Step 06　在命令行输入 c 并按空格键调用圆命令，以(220,785)为圆心，绘制一个半径为 15 的圆，结果如图 2-65 所示。

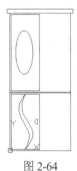

图 2-64

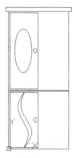

图 2-65

Step 07　在命令行输入 pol 并按空格键调用多边形命令，以(250,1 113.5)为多边形的中心，绘制一个内接圆半径为 15 的五边形，结果如图 2-66 所示。

Step 08　在命令行输入 l 并按空格键调用直线命令，连接五边形的各个顶点，结果如图 2-67 所示。

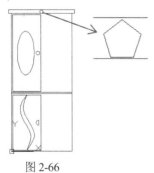

图 2-66

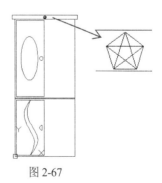

图 2-67

Step 09 选择五边形，然后按【Delete】键，将五边形删除，结果如图 2-68 所示。

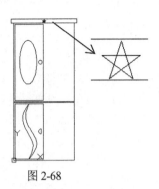

图 2-68

2.5.3 镜像填充完善图形

衣柜的一半绘制完成后，可以通过镜像来完成另一半，最后通过填充来完善图形。关于镜像的具体介绍请参见本书 3.2.2 节，关于填充的介绍请参见本书 5.3 节，这里只是直接应用，不做过多解释。

Step 01 选择"修改→镜像"菜单命令，然后选择需要镜像的对象，如图 2-69 所示。

Step 02 选择图中的两个中点为镜像线上的两点，如图 2-70 所示。

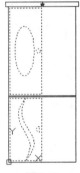

图 2-69

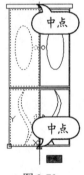

图 2-70

Step 03 当命令行提示是否删除源对象时，选择否，结果如图 2-71 所示。

Step 04 选择"绘图→绘图填充"菜单命令，在弹出的"图案填充创建"选项卡的"图案"面板中选择 CROSS 选项，在"特性"面板中将比例设置为 3，如图 2-72 所示。

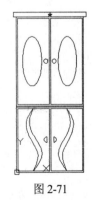

图 2-71

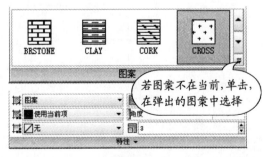

图 2-72

Step 05　然后在需要填充的区域单击，选定区域后按空格键结束填充，结果如图 2-73 所示。

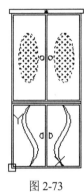

图 2-73

Step 06　重复步骤 4～5，继续填充。选择 ANSI32 为填充图案，将填充比例设置为 1，结果如图 2-74 所示。

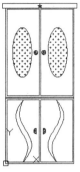

图 2-74

第 **3** 章
编辑二维图形——选择与常规编辑

二维图形绘制完成后往往还不能达到设计的要求，这就需要进一步对二维图形进行编辑和修改。通过对二维图形的修改可以完成二维基本绘图功能不能完成的操作，熟练掌握二维图形的编辑可以提高绘图能力。

视频文件：光盘\视频演示\CH03
视频时间：34 分钟

3.1　图形对象的选取方式

在 AutoCAD 2013 中，选择对象是一个非常重要的环节，无论执行任何编辑命令都必须选择对象或先选择对象再执行编辑命令，因此选择对象操作会频繁使用。

1．选择单个对象

选择单个对象的具体方法如下：

原始文件：Sample \原始文件\ch03 四人桌.dwg

最终文件：Sample \结果文件\ch03\四人桌.dwg

Step 01 打开随书光盘原始文件，移动鼠标到要选择的对象上，如图 3-1 所示。　**Step 02** 单击可选中该对象,如图 3-2 所示。

图 3-1

图 3-2

提示：如何选择重叠对象

单击状态栏中的"选择循环"按钮 ，然后在选择图形时，会自动弹出"选择集"选择框，根据需要选择对象即可。

2．选择多个对象

在 AutoCAD 中，有时候需要选择多个对象进行编辑操作，而这时如果还一个一个地单击选择对象将是一件很烦琐的事情，不仅花费时间和精力，而且影响工作效率，这时如果能同时选择多个对象就显得非常有必要了。

原始文件：Sample \原始文件\ch03\选择多个对象.dwg

最终文件：Sample \结果文件\ch03\选择多个对象.dwg

（1）窗口选择

Step 01 打开随书光盘原始文件，在绘图区左边空白处单击，确定矩形窗口第一点。从左向右拖动鼠标，展开一个矩形窗口，如图 3-3 所示。　**Step 02** 单击后，完全位于窗口内的对象被选中，如图 3-4 所示。

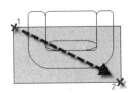

图 3-3

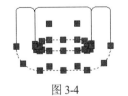

图 3-4

（2）窗交选择

Step 01 在绘图区右边空白处单击，确定矩形窗口第一点。从右向左拖动鼠标，展开一个矩形窗口，如图 3-5 所示。

Step 02 单击后，和矩形窗口相交的部分将被全部选中，如图 3-6 所示。

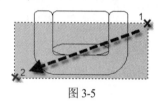

图 3-5

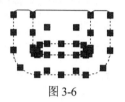

图 3-6

提示：窗口选择与窗交选择的区别

窗口选择只有当所选对象全部位于选择框内时该对象才会被选中，窗交选择只要所选对象有一部分位于选择框内该对象将整个被选中。

3.2 复制图形

图形的编辑可以分为数量上的编辑，如复制、阵列、镜像等，以及位置上的编辑，如移动、旋转、缩放。本节主要介绍对图形数量上的编辑命令。

3.2.1 复制对象

在用 AutoCAD 进行绘图时，对于形状完全一致的图形，不用重复绘制每个图形，只需要绘制出其中一个图形，再通过复制的方法，就可以得到多个相同的图形。

调用命令的方法如下。

- 菜单命令："修改"→"复制"。
- "常用"选项卡："修改"→ 按钮。
- 命令：co（copy）+空格键。

原始文件：Sample\原始文件\ch03\复制对象.dwg
最终文件：Sample \结果文件\ch03\复制对象.dwg

Step 01 打开随书光盘原始文件，调用"复制"命令，选取要进行复制的图形对象，如图 3-7 所示。

Step 02 指定圆心为复制对象的基点，如图 3-8 所示。

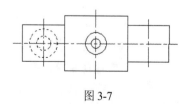

图 3-7

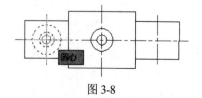

图 3-8

Step 03 在绘图窗口中指定交点为复制对象的目标点，如图 3-9 所示。

Step 04 程序自动将选取的对象复制到指定的位置，然后按空格键退出"复制"命令，如图 3-10 所示。

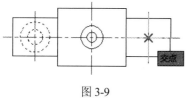

图 3-9

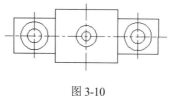

图 3-10

提示：copy 会自动重复命令

默认情况下，copy 命令将自动重复。要退出该命令，可按空格键或【Esc】键。

3.2.2 镜像对象

镜像图形是将所选图形按照指定的两个点为镜像中心线进行对称复制。镜像可以保留源对象，也可以删除源对象。如果要进行镜像的图形对象在外观特征上没有区别，可以看做是复制对象。

调用命令的方法如下。

- 菜单命令："修改"→"镜像"。
- "常用"选项卡："修改"→ ▲ 按钮。
- 命令：mi（mirror）+空格键。

原始文件：Sample\原始文件\ch03\镜像对象.dwg

最终文件：Sample\结果文件\ch03\镜像对象.dwg

Step 01 打开随书光盘原始文件，调用"镜像"命令，在绘图窗口中框选所有对象为镜像对象，如图 3-11 所示。

Step 02 在绘图窗口中指定中心线的端点为镜像中心线的第一个点，如图 3-12 所示。

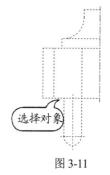

图 3-11

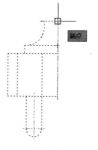

图 3-12

Step 03 在绘图窗口中指定交点为镜像线的第二个点，命令行提示是否要删除源对象，选择"否"即不删除源对象，如图 3-13 所示。

Step 04 程序自动将所选的对象按照指定的两个点为镜像线进行对称复制，完成后的效果如图 3-14 所示。

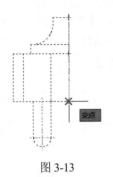

图 3-13

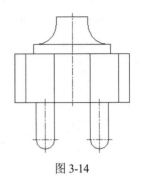

图 3-14

提示：镜像文字

如果镜像的内容为文字，可以设置可读与不可读（镜面文字）。在没有打开镜像命令前输入 mirrtext，参数值 0 为可读，1 为不可读，如下为不可读的镜面文字。

AutoCAD 2013　　　Ɛ⌊0S ❒ꓷↄoƚuꓯ

3.2.3　偏移对象

偏移命令是将选取的图形按照指定的距离和方向进行复制。要偏移的对象可以是直线、多段线、圆、圆弧、样条曲线等。偏移对象可以是封闭的，也可以是开放的。

调用命令的方法如下。

● 菜单命令："修改"→"偏移"。

● "常用"选项卡："修改"→ 📖 按钮。

● 命令：o（offset）+空格键。

原始文件：Sample \原始文件\ch03\偏移对象.dwg

最终文件：Sample \结果文件\ch03\偏移对象.dwg

Step 01 打开随书光盘原始文件，选择"偏移"命令，根据提示在命令窗口中输入偏移距离 30，如图 3-15 所示。

Step 02 在绘图窗口中选取要进行偏移的对象，如图 3-16 所示。

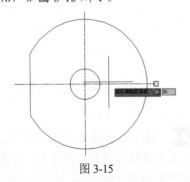

图 3-15

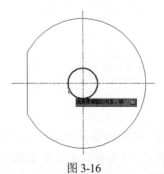

图 3-16

Step 03　在绘图窗口中指定偏移对象外面的任意一点来确定偏移的方向，如图 3-17 所示。

Step 04　程序自动将选取的对象按照指定的距离和方向进行偏移，完成后的偏移效果如图 3-18 所示。

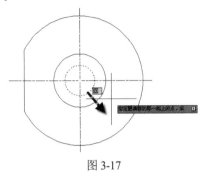

图 3-17

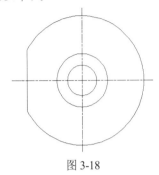

图 3-18

3.2.4　阵列对象

阵列是将所选的图形有规律地复制，阵列后的对象将继承原来图形的形状和属性。阵列分为环形阵列、路径阵列和矩形阵列 3 种阵列方式，下面分别进行介绍。

调用命令的方法如下。

- 菜单命令："修改"→"阵列"（从列表中选择一种阵列）。
- "常用"选项卡："修改"→ 📇 （从下拉列表中选择一种阵列）按钮。
- 命令：ar（array）+空格键。

1．环形阵列

环形阵列是将所选对象以中心点为基准，围绕中心点进行多重复制。在环形阵列时可以旋转对象，也可以保持原来的角度。环形阵列操作步骤如下：

原始文件：Sample \原始文件\ch03\环形阵列.dwg
最终文件：Sample \结果文件\ch03\环形阵列.dwg

Step 01　打开随书光盘原始文件，如图 3-19 所示。

Step 02　选择"环形阵列"命令，在绘图窗口中选择要进行环形阵列的对象，如图 3-20 所示。

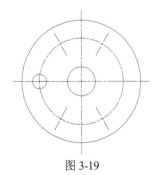

图 3-19

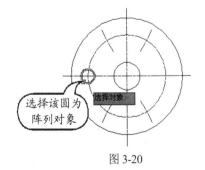

图 3-20

Step 03　在绘图窗口中以圆心为环形阵列的中心点，如图 3-21 所示。

Step 04　在选项板中输入环形阵列的项目数为 6，填充角度为 360°，如图 3-22 所示。

图 3-21

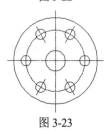

图 3-22

Step 05 单击"关闭阵列"按钮,程序自动将选取的对象按照指定的角度进行阵列,完成后的阵列效果如图 3-23 所示。

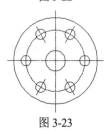

图 3-23

2. 路径阵列

路径阵列的路径可以是直线、多段线、三维多段线、样条曲线、螺旋、圆弧、圆或椭圆。

 原始文件:Sample \原始文件\ch03\路径阵列.dwg
最终文件:Sample \结果文件\ch03\路径阵列.dwg

Step 01 打开随书光盘原始文件,如图 3-24 所示。

Step 02 选择"路径阵列"命令,在绘图窗口中选择圆作为路径阵列的对象,然后按空格键结束对象的选择,如图 3-25 所示。

图 3-24

图 3-25

Step 03 在绘图窗口中选择直线为路径曲线,如图 3-26 所示。

Step 04 在选项板中输入沿路径的行数 3,列数为 6,距离为 12,如图 3-27 所示。

图 3-26

图 3-27

Step 05 按空格键,程序自动将选取的对象按照指定的距离进行路径阵列,完成后的路径阵列效果如图 3-28 所示。

图 3-28

3. 矩形阵列

矩形阵列是按 X 轴方向和 Y 轴方向复制对象，用户可以自定义阵列的数目和偏移的距离。下面介绍矩形阵列的操作步骤。

原始文件： Sample \原始文件\ch03\矩形阵列.dwg
最终文件： Sample \结果文件\ch03\矩形阵列.dwg

Step 01 打开随书光盘原始文件，如图 3-29 所示。

Step 02 选择"矩形阵列"命令，在绘图窗口中选择要进行矩形阵列的对象，按空格键确认，如图 3-30 所示。

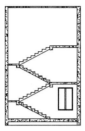

图 3-29

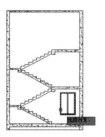

图 3-30

Step 03 软件会自动生成若干阵列，如图 3-31 所示。

Step 04 在选项板中设置列数为 1，行数为 3，行距介于输入 2 800，如图 3-32 所示。

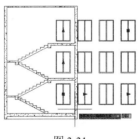

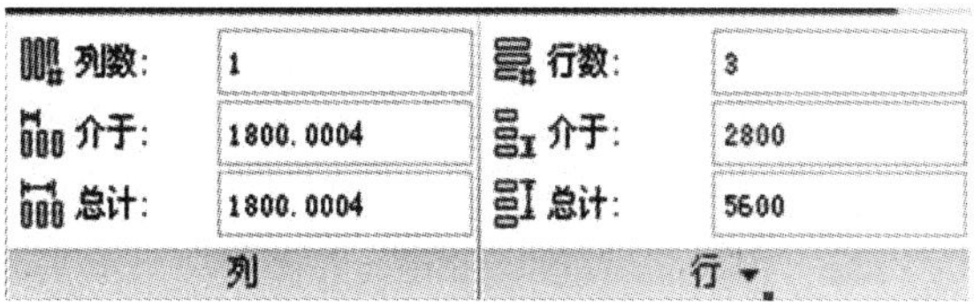

图 3-31

列数：	1		行数：	3
介于：	1800.0004		介于：	2800
总计：	1800.0004		总计：	5600
列				**行** ▾

图 3-32

Step 05 修改全部数据之后，在绘图窗口中单击确认，阵列生成如图 3-33 所示。

Step 06 单击"关闭阵列"按钮退出阵列命令，最终结果如图 3-34 所示。

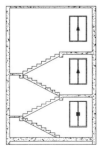

图 3-33

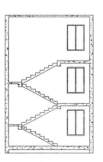

图 3-34

3.3 修改图形位置或大小

通过移动、旋转等命令，可以改变图形的位置；通过缩放、拉伸等操作，可以更改图形的大小，从而创建出更加完整的图形效果。

3.3.1 移动对象

移动对象仅仅是指位置上的平移，而对象的形状和大小并不会被改变。

调用命令的方法如下。

- 菜单命令："修改"→"移动"。
- "常用"选项卡："修改"→ ✛按钮。
- 命令：m（move）+空格键。

原始文件：Sample\原始文件\ch03\移动对象.dwg
最终文件：Sample \结果文件\ch03\移动对象.dwg

Step 01 打开随书光盘原始文件，如图 3-35 所示。

Step 02 调用"移动"命令，在绘图窗口中选择要进行移动的对象，如图 3-36 所示。

图 3-35

图 3-36

Step 03 以图形的底边中点为移动对象的基点，如图 3-37 所示。

Step 04 在绘图窗口中以边框的中点为移动对象的第二点，如图 3-38 所示。

图 3-37

图 3-38

Step 05 程序自动将选取的对象按照指定的基点移动到目标点（第二点），完成后的移动效果如图 3-39 所示。

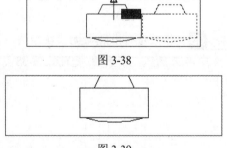

图 3-39

3.3.2 旋转对象

旋转图形是将图形按照一定的角度进行旋转。输入的角度可以是顺时针方向的角度，也可以是逆时针方向的角度。

调用命令的方法如下。

- 菜单命令："修改"→"旋转"。

- "常用"选项卡："修改"→⟳按钮，
- 命令：ro（rotate）+空格键。

原始文件：Sample \原始文件\ch03\旋转对象.dwg
最终文件：Sample \结果文件\ch03\旋转对象.dwg

Step 01　打开随书光盘原始文件，调用"旋转"命令，在绘图窗口中选取要旋转的对象，如图 3-40 所示。

Step 02　在绘图窗口中以圆心为旋转对象的基点，如图 3-41 所示。

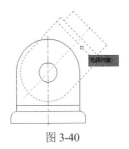

图 3-40

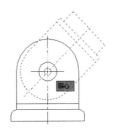

图 3-41

Step 03　在绘图窗口中根据提示输入旋转角度为-45，如图 3-42 所示。

Step 04　角度输入完成后按空格键，程序自动将选取的对象按照指定的角度进行旋转，结果如图 3-43 所示。

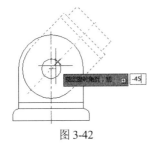

图 3-42

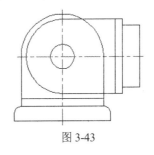

图 3-43

提示：关于旋转

在默认情况下，正角度为逆时针旋转，负角度为顺时针旋转。在输入角度之前输入 c（复制），然后再输入角度，旋转后的结果将以复制的形式出现，即原图形保留，旋转后的对象是复制的对象。或者输入 r，设置参照角度进行旋转。

3.3.3　缩放对象

缩放对象是将对象按照一定的比例进行放大或缩小，缩放后的对象具有原来图形的形状。缩放比例大于 1 时将图形进行放大，缩放比例小于 1 时将图形进行缩小。

调用命令的方法如下。

- 菜单命令："修改"→"缩放"。
- "常用"选项卡："修改"→▢按钮。
- 命令：sc（scale）+空格键。

原始文件：Sample \原始文件\ch03\缩放对象.dwg

最终文件：Sample \结果文件\ch03 缩放对象.dwg

Step 01 打开随书光盘原始文件，调用"缩放"命令，在绘图窗口中框选要进行缩放的对象，如图 3-44 所示。

Step 02 根据提示选择缩放基点，在这里选择圆心作为缩放的基点，如图 3-45 所示。

图 3-44

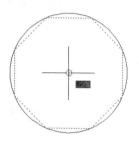

图 3-45

Step 03 在绘图窗口中根据提示输入缩放比例为 2，如图 3-46 所示。

Step 04 比例输入完成后按空格键，程序自动将选取的对象按照指定的比例进行缩放，如图 3-47 所示。

图 3-46

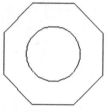

图 3-47

提示：关于缩放

在输入缩放比例之前输入 c（复制），然后再输入缩放比例，缩放后的结果将以复制的形式出现，即原图形保留，缩放后的对象是复制的对象。或者输入 r，设置参照长度进行缩放。

3.3.4 拉伸对象

拉伸对象是将图形的某一部分进行延长或缩短。拉伸图形与缩放图形的区别在于，缩放图形是将图形整体进行放大或缩小，而拉伸图形则是将图形进行局部延长或缩短。

调用命令的方法如下。

● 菜单命令："修改"→"拉伸"。

● "常用"选项卡："修改"→ 按钮。

● 命令：s（stretch）+空格键。

原始文件：Sample \原始文件\ch03\拉伸对象.dwg

最终文件：Sample \结果文件\ch03\拉伸对象.dwg

Step 01 打开随书光盘原始文件，调用"拉伸"命令，在绘图窗口中用交叉窗口（从右至左）选取要拉伸的部分，如图 3-48 所示。

Step 02 在绘图窗口中以端点为拉伸的基准点，如图 3-49 所示。

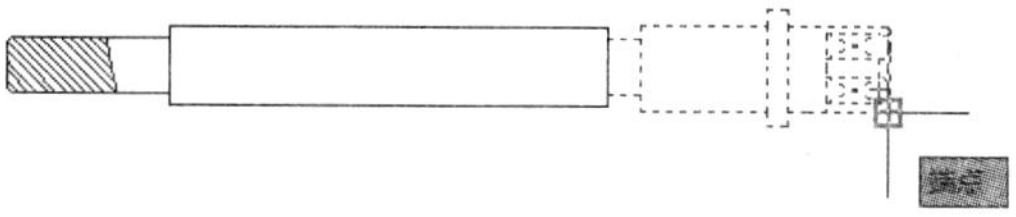

图 3-48

图 3-49

Step 03 将光标沿 X 轴方向的正方向进行移动，如图 3-50 所示。

Step 04 输入拉伸距离为 20，然后按空格键，程序自动将选取的对象按照指定的距离和方向进行拉伸，如图 3-51 所示。

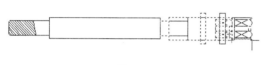

图 3-50

该部分被拉伸

图 3-51

提示：拉伸对象的选择

对拉伸图形而言，只有与交叉窗口相交的部分被拉伸，而完全位于交叉窗口内的部分将被移动。对于文字、图块、椭圆和圆不可被拉伸，只有按住它们的主定义点（如圆心）时才可移动，否则也不会移动。

3.4　改变图形形状

用户还可以修改现有的图形，如将图形进行合并、打断等操作，从而创建出更加完整的图形效果。

3.4.1　修剪对象

修剪图形是将选取的对象按照指定的边界进行修剪。选择"修改→修剪"菜单命令，在绘图窗口中选取修剪对象的边界，然后选取被修剪的对象，即可完成对图形的修剪。如果在提示选择剪切边的时候直接按空格键，而不指定具体边界，则将所有的对象作为修剪的边界。

调用命令的方法如下。

- 菜单命令："修改"→"修剪"。
- "常用"选项卡："修改"→┤╴（与"延伸"在同一下拉列表里）按钮。
- 命令：tr（trim）+空格键。

原始文件：Sample \原始文件\ch03\修剪对象.dwg

最终文件：Sample \结果文件\ch03\修剪对象.dwg

Step 01 打开随书光盘原始文件,如图 3-52 所示,调用"修剪"命令。

Step 02 在绘图窗口中选取修剪对象边界,并按空格键结束选取,如图 3-53 所示。

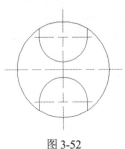

图 3-52

图 3-53

Step 03 在绘图窗口中选取要修剪的对象,程序自动将选取的对象进行修剪,修剪完成后效果如图 3-54 所示。

图 3-54

提示：修剪的同时删除多余的对象

在修剪过程中,有时会留下一些多余的线段,这时可以在没有退出修剪命令的前提下输入 r,按空格键,然后选择要删除的对象,按空格键,即可删除多余的线段。

3.4.2 延伸对象

延伸命令与修剪命令正好相反,延伸命令是将选取的对象延伸到边界与之相交。如果在提示选择边界的时候直接按空格键,而不指定具体边界,则将所有的对象作为延伸的边界。

调用命令的方法如下。

● 菜单命令："修改"→"延伸"。
● "常用"选项卡："修改"→ ┅ / (与"修剪"在同一下拉列表里) 按钮。
● 命令：ex（extend）+空格键。

原始文件：Sample\原始文件\ch03\延伸对象.dwg
最终文件：Sample \结果文件\ch03\延伸对象.dwg

Step 01 打开随书光盘原始文件,调用"延伸"命令,在绘图窗口中选取延伸边界,如图 3-55 所示。

Step 02 选取好延伸边界对象后按下空格键,在绘图窗口中选取要延伸的对象,如图 3-56 所示。

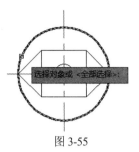

图 3-55

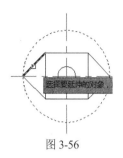

图 3-56

Step 03　程序自动将选取的线段延伸到大圆上，并与其相接，如图 3-57 所示。

Step 04　重复步骤 2 的操作方法，将另 3 条线段也进行延伸，完成后的效果如图 3-58 所示。

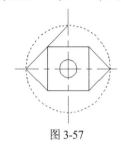

图 3-57

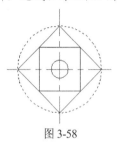

图 3-58

提示：修剪命令和延伸命令互换

在修剪过程中，选择完剪切边后，当提示选择修剪对象时按住【Shift】键，这时修剪命令就变成了延伸命令。

在延伸过程中，选择完边界后，当提示选择延伸对象时按住【Shift】键，这时延伸命令就变成了修剪命令。

3.4.3　打断和打断于点

1. 打断对象

打断命令可以在对象上的两个指定点之间创建间隔，从而将对象打断为两个对象。如果打断点不在对象上，则会自动投影到该对象上进行打断。在选取要打断的对象时，程序默认为单击点就是第一个打断点。

调用命令的方法如下。

● 菜单命令："修改"→"打断"。

● "常用"选项卡："修改"下拉列表→ 按钮。

● 命令：br（break）+空格键。

原始文件：Sample \原始文件\ch03\打断对象.dwg

最终文件：Sample \结果文件\ch03\打断对象.dwg

Step 01　打开随书光盘原始文件，调用"打断"命令，在绘图窗口中选取圆为要打断的对象，如图 3-59 所示。

Step 02　在绘图窗口中选择第二个打断点，如图 3-60 所示。

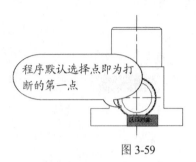

图 3-59

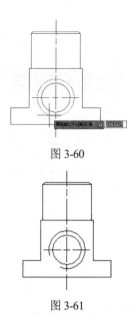

图 3-60

Step 03 程序自动将第一个打断点和第二个打断点之间的对象按逆时针方向删除，结果如图 3-61 所示。

图 3-61

提示：打断与打断点之间的关系

AutoCAD 默认打断是按选择的两个点的逆时针方向进行的。如果选择对象时单击的点不是理想的打断点，可以输入 f，然后重新选择第一个打断点。

2．打断于点

打断于点是将所选的对象在打断点的位置断开为两个对象，断开处没有明显的断开区域。打断于点与打断的区别在于打断有明显的断开缺口距离而打断于点无明显的断开缺口。

调用命令的方法如下。

● 菜单命令："修改"→"打断"，在命令行提示要确定第二个打断点时输入@+空格键。

● "常用"选项卡："修改"下拉列表→□按钮。

● 命令：br（break）+空格键，在命令行提示要确定第二个打断点时输入@+空格键。

原始文件：Sample \原始文件\ch03\打断于点.dwg

最终文件：Sample \结果文件\ch03\打断于点.dwg

Step 01 打开随书光盘原始文件，如图 3-62 所示，根据提示选择一个单个的圆弧。

Step 02 调用"打断于点"命令，在绘图窗口中选取要打断的对象，如图 3-63 所示。

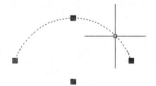

图 3-62

图 3-63

Step 03 在绘图窗口中选择合适的打断于点，效果如图 3-64 所示。

Step 04 打断后，重新选择一下该圆弧，发现它已经变成了两段圆弧，如图 3-65 所示。

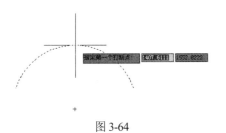

图 3-64　　　　　　　　　　　　　　　　　图 3-65

提示：打断于点

打断于点不能用于"圆"或"椭圆"对象。

3.4.4　合并对象

合并命令是将两个对象连接到一起组成一个整体。要合并的两个对象必须是在同一水平方向上，而且两个对象必须是同一类型的对象，如两个对象都是直线或都是圆弧。

调用命令的方法如下。

● 菜单命令："修改"→"合并"。

● "常用"选项卡："修改"下拉列表→ ** 按钮。

● 命令：j（join）+空格键。

原始文件：Sample \原始文件\ch03\合并对象.dwg

最终文件：Sample \结果文件\ch03\合并对象.dwg

Step 01　打开随书附带的光盘原始文件，调用"合并"命令，在绘图窗口中选取第一条要合并的直线，如图 3-66 所示。

Step 02　在绘图窗口中选取第二条要进行合并的直线，如图 3-67 所示。

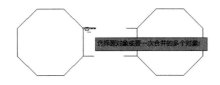

图 3-66

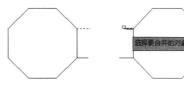

图 3-67

Step 03　选取完成后按空格键，程序自动将两条直线合并为一条直线，如图 3-68 所示。

Step 04　重复步骤 1～2 的操作方法将另外一条直线进行合并，完成后的效果如图 3-69 所示。

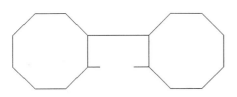

图 3-68

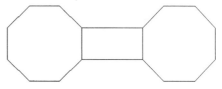

图 3-69

3.4.5 倒角

倒角就是使用直线连接两个对象形成一个角度，用户可以对直线、多段线、射线、构造线、三维实体进行倒角。

调用命令的方法如下。

● 菜单命令："修改"→"倒角"。

● "常用"选项卡："修改"→ 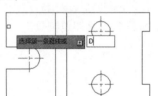 （与"圆角"在同一个下拉列表中）按钮。

● 命令：cha（chamfer）+空格键。

原始文件：Sample \原始文件\ch03\倒角对象.dwg

最终文件：Sample \结果文件\ch03\倒角对象.dwg

Step 01 打开随书光盘原始文件，调用"倒角"命令，在绘图窗口中输入距离选项 D，如图 3-70 所示。

Step 02 按空格键，然后在绘图窗口中输入倒角距离为 4，如图 3-71 所示。

图 3-70

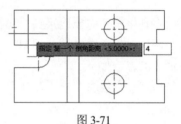

图 3-71

Step 03 按空格键，然后在绘图窗口中输入第二个倒角距离同样也为 4，如图 3-72 所示。

Step 04 按空格键，然后在绘图窗口中选取第一条要倒角的直线，如图 3-73 所示。

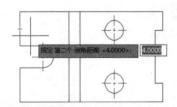

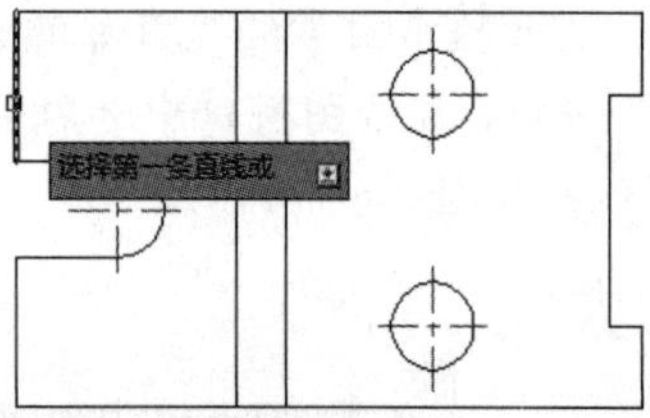

图 3-72

图 3-73

Step 05 在绘图窗口中选取第二条要倒角的直线，如图 3-74 所示。

Step 06 程序自动生成倒角，效果如图 3-75 所示。

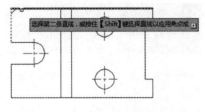

图 3-74

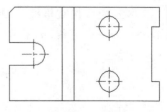

图 3-75

Step 07 重复步骤 4～5 的操作方法为另外两条边也进行倒角，完成后的结果如图 3-76 所示。

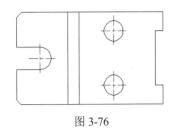

图 3-76

提示："边长+角度"倒角

　　除了上面介绍的通过两个距离进行倒角外，还可以通过"边长+角度"的方式进行倒角。调用"倒角"命令后，输入 a，然后输入第一条边的长度，接着输入要倒角的角度，最后选择两条边即可倒角。选择的第一条边剪掉的长度就是设置的长度，角度就是第一条边与生成的倒角边之间的夹角。图 3-77 所示为长度为 50、角度为 30° 的倒角。

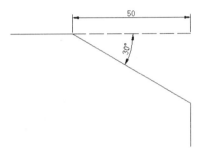

图 3-77

3.4.6　圆角对象

　　圆角命令是指给两个对象添加指定半径的圆弧并使其相连。内角点称为内圆角，外角点称为外圆角；这两种圆角均可使用同一个命令绘制。用户可以对圆弧、圆、椭圆和椭圆弧、直线、多段线、射线、样条曲线、构造线、三维实体进行圆角操作。

　　调用命令的方法如下。

● 菜单命令："修改" → "圆角"。
● "常用"选项卡："修改" → ⬜（与"倒角"在同一个下拉列表中）按钮。
● 命令：f（fillet）+空格键。

　原始文件：Sample \原始文件\ch03\圆角对象.dwg
　最终文件：Sample \结果文件\ch03\圆角对象.dwg

Step 01 打开随书光盘原始文件，调用"圆角"命令，根据提示输入 r，设置半径为 20 并按空格键，然后选择第一个圆角对象，如图 3-78 所示。

Step 02 在绘图窗口中选取第二个圆角对象，如图 3-79 所示。

图 3-78

图 3-79

Step 03 圆角形成之后软件自动退出该命令，按空格继续选取其他对象边，不用再次输入值直接选择需要圆角的两条边即可，最终结果如图 3-80 所示。

图 3-80

提示：倒角和圆角的参数设置

倒角和圆角的参数值设定之后将一直保存，直到下次重新设置。所以倒角和圆角结束之后，再次进行倒角和圆角时，如果参数不同，注意一定要重新设置参数。在同一参数值情况下需要进行多次倒角时，在指定第一个对象之前输入 M 就可以连续进行倒角或圆角，直到按空格键或【Enter】键结束命令操作。例如本例中的圆角，如果在选择第一个圆角对象之前输入 M，那么就可以一直圆角下去。

3.5 分解与删除对象

1. 分解对象

"分解"命令可以分解矩形、多段线、多线、图块、尺寸标注、表格、多行文字和图案填充等多种对象，但不能分解圆、椭圆和样条曲线等图形。

调用命令的方法如下。

- 菜单命令："修改"→"分解"。
- "常用"选项卡："修改"→ 按钮。
- 命令：x（explode）+空格键。

原始文件：Sample \原始文件\ch03\分解对象.dwg
最终文件：Sample \结果文件\ch03\分解对象.dwg

Step 01 打开随书光盘原始文件，选择"分解"命令，在绘图窗口中选取要分解的对象，如图 3-81 所示。

Step 02 按空格键，程序自动将所选对象进行分解，在分解的图形上单击可以看到对象被分解为独立的线段，如图 3-82 所示。

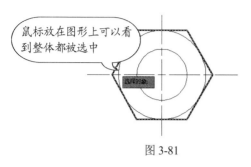

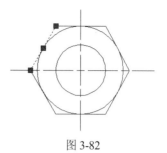

图 3-81

图 3-82

2. 删除对象

在绘图过程中往往会有一些错误或没有用的图形，在最终的图纸上不应出现这些痕迹（如辅助线），这时可利用 AutoCAD 提供的删除功能将它们删除。

调用命令的方法如下。

- 菜单命令："修改"→"删除"。
- "常用"选项卡："修改"→按钮。
- 命令：e（erase）+空格键。

原始文件：Sample \原始文件\ch03\删除对象.dwg
最终文件：Sample \结果文件\ch03\删除对象.dwg

Step 01 打开随书光盘原始文件，选择"删除"命令，在绘图窗口中选取要删除的对象，如图 3-83 所示。

Step 02 按空格键，选定的对象将被删除，如图 3-84 所示。

图 3-83

图 3-84

提示：删除对象

除了使用 erase 命令进行删除外，还可以选择对象后按【Delete】键进行删除。

3.6　绘制工装定位板

工装定位板是机械装配和加工中的常见零件，该定位板绘制主要分为 3 步，即：绘制定位辅助线、绘制工装板外轮廓、绘制工装定位板的内部结构，绘制完成后效果如图 3-85 所示。

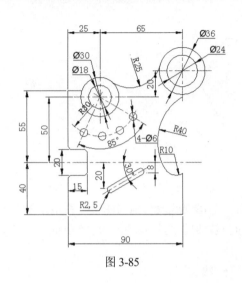

图 3-85

 提示：图形分析

　　为了便于读者观察图形，特意将添加了尺寸标注的结果图放在本案例开始之前。其中，图中尺寸 8 和 20 为圆弧顶点和直线交点到中心线的距离。未注倒角均为 2×45°。

原始文件：Sample\原始文件\ch03\工装定位板.dwg
最终文件：Sample\结果文件\ch03\工装定位板.dwg

3.6.1　绘制定位辅助线

　　在绘制图形之前先把图形各部分的位置通过辅助线确定下来。绘制定位辅助线的具体操作步骤如下：

Step 01 打开随书光盘原始文件，在命令行输入 1 并按空格键调用"直线"命令 AutoCAD 提示如下：

Step 02 绘制完成后，结果如图 3-86 所示。

```
命令:_LINE　指定第一个点: -15,0
指定下一点或 [放弃(U)]: 105,0
指定下一点或 [放弃(U)]:　//按空格键结束命令
命令: LINE　指定第一个点: 0,-50
指定下一点或 [放弃(U)]: 0,70
指定下一点或 [放弃(U)]:　//按空格键结束命令
命令: LINE　指定第一个点: 5,50
指定下一点或 [放弃(U)]: 45,50
指定下一点或 [放弃(U)]:　　//按空格键结束命令
命令: LINE　指定第一个点: 25,30
指定下一点或 [放弃(U)]: 25,70
指定下一点或 [放弃(U)]:　//按空格键结束命令
命令:LINE　指定第一个点: 67,70
指定下一点或 [放弃(U)]: 113,70
指定下一点或 [放弃(U)]:　　//按空格键结束命令
命令:LINE　指定第一个点: 90,47
指定下一点或 [放弃(U)]: 90,93
指定下一点或 [放弃(U)]:　//按空格键结束命令
```

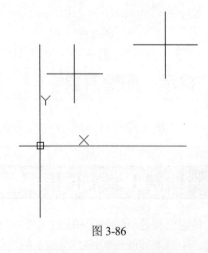

图 3-86

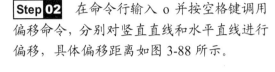

3.6.2 绘制外轮廓

定位辅助线绘制完成后，接下来绘制工装定位板的外轮廓。外轮廓的绘制过程中主要用到了圆、偏移、修剪、倒角等命令，具体操作步骤如下：

Step 01 在命令行输入 c 并按空格键调用绘圆命令，以 A 点为圆心绘制两个半径为 9 和 15 的圆，以 B 点为圆心绘制两个半径为 12 和 18 的圆，以坐标(85,0)为圆心绘制一个半径为 10 的圆，结果如图 3-87 所示。

Step 02 在命令行输入 o 并按空格键调用偏移命令，分别对竖直直线和水平直线进行偏移，具体偏移距离如图 3-88 所示。

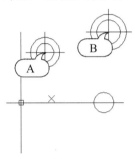

图 3-87

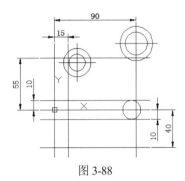

图 3-88

Step 03 在命令行输入 tr 并按空格键调用修剪命令，对图形进行修剪，结果如图 3-89 所示。

Step 04 单击选中坐标系，然后用鼠标按住坐标原点处的夹点将坐标系移动到不影响视图观看的地方，如图 3-90 所示。

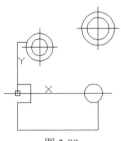

图 3-89

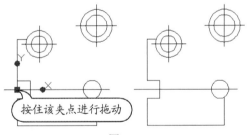

图 3-90

Step 05 选择"绘图→圆→相切、相切、半径"菜单命令，以图中两个圆为相切对象，绘制一个半径为 40 的圆，结果如图 3-91 所示。

Step 06 在命令行输入 tr 并按空格键调用修剪命令，对图形进行修剪，结果如图 3-92 所示。

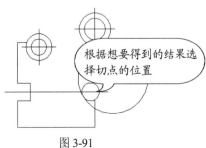

图 3-91

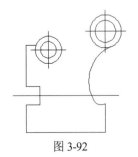

图 3-92

Step 07 在命令行输入 f 并按空格键调用圆角命令，以图中两个圆为圆角对象，圆角半径为 25，结果如图 3-93 所示。

Step 08 在命令行输入 cha 并按空格键调用倒角命令，然后输入 d，将倒角的两个距离都设置为 2，然后进行倒角，结果如图 3-94 所示。

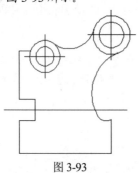

图 3-93

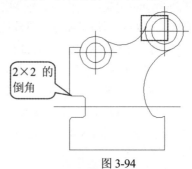

2×2 的倒角

图 3-94

3.6.3 绘制工装定位板的内部结构

外轮廓绘制完成后，最后来绘制工装定位板的内部结构。内部结构的绘制过程中主要用到了构造线、圆、阵列、偏移、打断等命令，具体操作步骤如下：

Step 01 在命令行输入 xl，然后输入 a，利用先确定角度的方法绘制 3 条构造线，结果如图 3-95 所示。

Step 02 在命令行输入 c 并按空格键调用圆命令，绘制一个半径为 30 的圆，结果如图 3-96 所示。

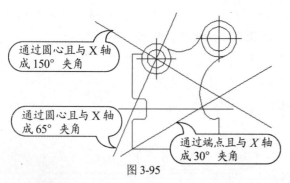

通过圆心且与 X 轴成 150° 夹角

通过圆心且与 X 轴成 65° 夹角

通过端点且与 X 轴成 30° 夹角

图 3-95

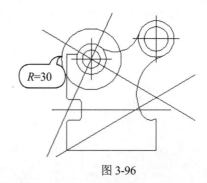

$R=30$

图 3-96

Step 03 在命令行输入 br 并按空格键调用打断命令，对图形进行打断，并将多余的线删除，结果如图 3-97 所示。

Step 04 在命令行输入 c 并按空格键调用圆命令，绘制一个半径为 3 的圆，如图 3-98 所示。

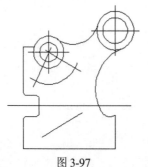

图 3-97

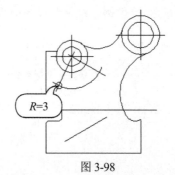

$R=3$

图 3-98

Step 05 选择"修改→阵列→环形阵列"菜单命令，以步骤 4 绘制的圆为阵列对象，以步骤 2 步绘制的 $R=30$ 的圆的圆心为阵列中心，阵列设置如图 3-99 所示。

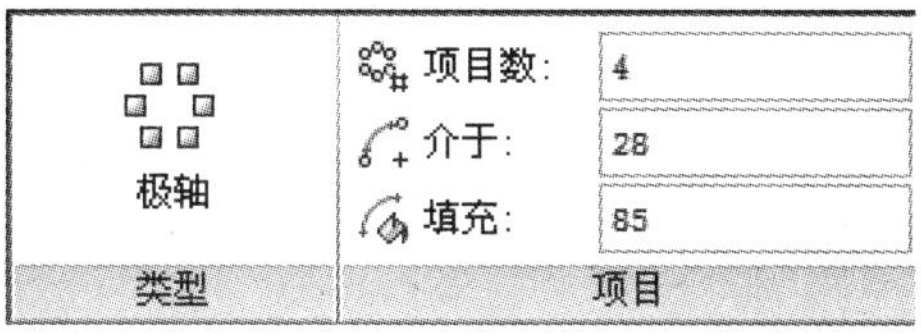

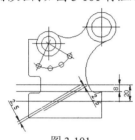

图 3-99

Step 06 设置完成后单击"关闭阵列"按钮，阵列后的结果如图 3-100 所示。

图 3-100

Step 07 在命令行输入 o 并按空格键调用偏移命令，偏移距离如图 3-101 标注所示。

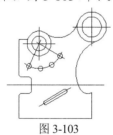

图 3-101

Step 08 在命令行输入 l 并按空格键调用直线命令，绘制两条直线，结果如图 3-102 所示。

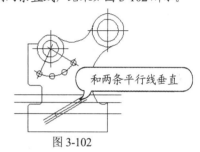

和两条平行线垂直

图 3-102

Step 09 在命令行输入 f 并按空格键调用圆角命令，然后输入 m 进行多处圆角，输入 r，将圆角半径设置为 2.5，圆角后将多余的线删除，结果如图 3-103 所示。

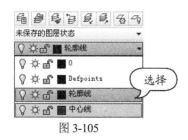

图 3-103

Step 10 在没有任何命令操作的前提下选择图中的直线，如图 3-104 所示。

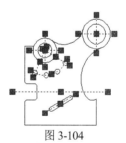

图 3-104

Step 11 单击"常用"选项卡→"图层"面板中的下拉列表，选择"中心线"，如图 3-105 所示。

未保存的图层状态
轮廓线
0
Defpoints
轮廓线
中心线

选择

图 3-105

Step 12 将所选的直线放置到"中心线"层上之后按【Esc】键退出选择，结果如图 3-106 所示。

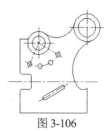

图 3-106

第4章
高级图形编辑功能

在 AutoCAD 2013 中，除了上一章介绍的编辑命令外，还可以通过特性选项板、特性匹配等对图形进行编辑。

此外，对于多线、多段线和样条曲线，CAD 还提供了针对它们特有的编辑命令。

视频文件：光盘\视频演示\CH04

视频时间：18 分钟

4.1 多线编辑

对于多线对象，除了上一章介绍的编辑命令外，多线还有专门适合自身特性的编辑工具。多线编辑工具主要是对多线的交点、角点和顶点进行编辑。

提示：哪些常用编辑命令不可以用于多线？

除打断、倒角、圆角和拉长外，其他编辑命令都可以用于多线编辑。

4.1.1 多线编辑工具介绍

多线编辑工具共有 4 列，其中第一列用于管理交叉的点，第二列用于管理 T 型交叉，第三列用于管理角和顶点，第四列用于剪切和结合。

调用多线编辑工具的方法有以下几种。

● 菜单命令："修改"→"对象"→"多线"。
● 快捷命令：mledit+空格键。
● 直接双击多线对象。

调用多线编辑工具，如图 4-1 所示。多线编辑工具的各选项操作示例如表 4-1 所示。

图 4-1

表 4-1 多线编辑工具的示例

	操作名称	操作过程	备 注
第一列	十字闭合		"十字闭合"和"十字打开"与选择顺序有关，先选择的将被剪掉
	十字打开		
	十字合并		
第二列	T 形闭合		该列操作命令在编辑时与选择顺序有关，先选择的将被剪掉；与选择位置也有关，点取的位置被保留
	T 形打开		
	T 形合并		

续表

	操作名称	操作过程	备　注
第三列	角点结合		该列的"角点结合"与选择的位置有关，点取的位置被保留
	添加顶点	将该顶点删除 增加了 4 个点	
	删除顶点		
第四列	单个剪切		该列操作命令与选取点的先后没有关系
	全部剪切		
	全部接合		

4.1.2　多线编辑实例操作

4.1.1 节介绍了多线编辑工具，本节通过一个具体的实例操作来介绍多线编辑工具的应用。

原始文件：Sample \原始文件\ch04\多线编辑.dwg

最终文件：Sample \结果文件\ch04\多线编辑.dwg

Step 01　打开随书光盘原始文件，如图 4-2 所示。

Step 02　双击图中的多线，打开"多线编辑工具"，单击"十字闭合"按钮，先选择竖直多线，再选择水平多线，结果如图 4-3 所示。

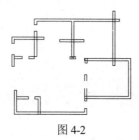

图 4-2

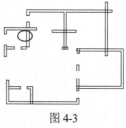

图 4-3

Step 03　单击"十字合并"按钮，将两条相交多线的交叉点合并，如图 4-4 所示。

Step 04　单击"T 形闭合"按钮，先选择竖直多线，再选择水平多线，结果如图 4-5 所示。

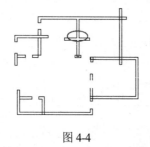

图 4-4

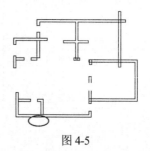

图 4-5

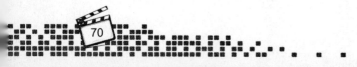

Step 05　单击"T 形打开"按钮，然后选择多线，选择时注意选择多线的顺序，结果如图 4-6 所示。

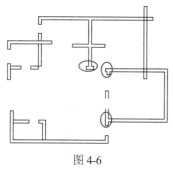

图 4-6

Step 06　单击"T 形合并"，然后先选择竖直多线，再选择水平多线，结果如图 4-7 所示。

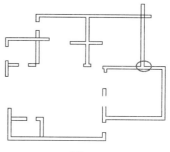

图 4-7

Step 07　单击"角点结合"按钮，选择多线时注意选择的位置，结果如图 4-8 所示。

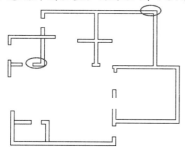

图 4-8

Step 08　单击"全部剪切"按钮，在需要断开的位置单击，结果如图 4-9 所示。

Step 09　单击"全部接合"按钮，在需要闭合的两端点处单击，结果如图 4-10 所示。

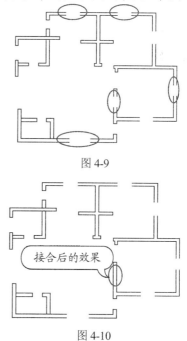

图 4-9

接合后的效果

图 4-10

4.2　多段线编辑

由于多段线的使用相当复杂，所以专门有一个特殊的命令——pedit 来对其进行编辑。

4.2.1　多段线编辑工具介绍

调用多段线编辑的方法有以下几种。

- 菜单命令："修改"→"对象"→"多段线"。
- "常用"选项卡："修改"面板→ 按钮。

- 快捷命令：pe（pedit）+空格键。
- 直接双击多段线对象。

直接双击多段线对象，命令行提示如下：

输入选项 [闭合(C)/合并(J)/宽度(W)/编辑顶点(E)/拟合(F)/样条曲线(S)/非曲线化(D)/线型生成(L)/反转(R)/放弃(U)]:

各选项的含义解释如下。

- 闭合：闭合开放的多段线。必要的话，会添加一条线段来连接终点和起点。如果该多段线已经闭合，则这个提示将变为"打开"。使用"打开"选项会在多段线的第一和最后一条线段之间创建一个端口。
- 合并：只适用于 2D 多段线，可把其他圆弧、直线和多段线连接到已有的多段线上，不过连接端点必须精确重合。
- 宽度：只适用于 2D 多段线，指定多段线宽度后，先前生成的宽度不同的多段线将被新宽度替换，用户可以使用"编辑顶点"子选项编辑单个线宽。
- 编辑顶点：提供一组用于编辑顶点的子选项，主要是对顶点进行编辑，其中宽度选项可以改变某一段多段线的宽度。
- 拟合：创建圆弧拟合多段线，该曲线通过多段线的所有顶点并使用指定的切线方向。
- 样条曲线：以顶点作为控制点生成样条曲线，该样条曲线通常不经过这些顶点。
- 非曲线化：将拟合曲线或样条曲线还原为原有顶点。
- 线型生成：用于控制非连续线型多段线顶点处的线型。关闭"线型生成"则多段线顶点处采用连续线型，否则在多段线顶点处采用多段线自身的非连续线型。
- 放弃：撤销最近的一次编辑。

提示：关于放弃

多段线编辑命令的功能非常强大，可以利用它对图形做很多修改，但如果命令结束后返回到命令行再使用 U 或 UNDO 命令，所有的修改过程也会被全部撤销。所以如果只想撤销部分更改操作，应该使用 PEDIT 命令行中的"放弃"选项。

关于"放弃"选项，多线和样条曲线的编辑也是如此。

4.2.2 多段线编辑实例操作

4.2.1 节介绍了多段线编辑命令，本节通过一个实例操作来介绍多段线编辑命令的应用。

原始文件：Sample \原始文件\ch04\多段线编辑.dwg

最终文件：Sample \结果文件\ch04\多段线编辑.dwg

Step 01 打开随书光盘原始文件，在命令行输入 pe 并按空格键，然后输入 m 选择所有对象将它们转化成多段线，并输入 j 将它们合并成一体，如图 4-11 所示。

Step 02 接着在命令行输入 c 将整个多段线进行闭合，结果如图 4-12 所示。

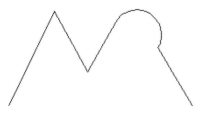

图 4-11

图 4-12

Step 03　在命令行输入 w 将线宽设置为 6，然后按空格键退出编辑命令，结果如图 4-13 所示。

Step 04　双击多段线重新打开编辑命令，然后输入 e，接着输入 w，当命令行提示指定下一条线段的起点宽度时输入 0 并按【Enter】键，接着将端点宽度设置为 10，然后按【Esc】键退出编辑命令，结果如图 4-14 所示。

图 4-13

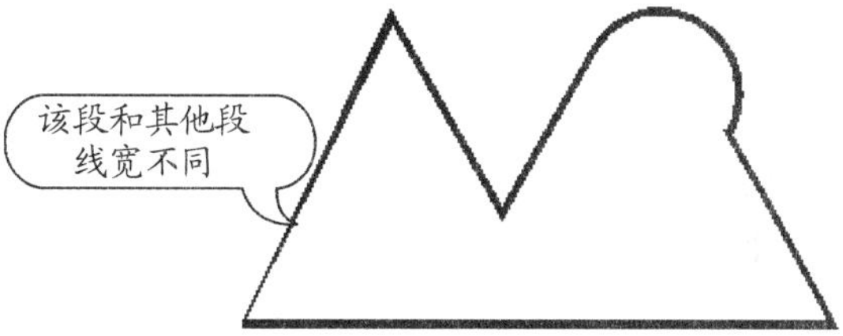

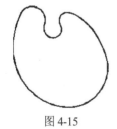

图 4-15

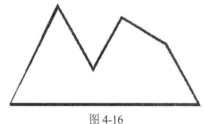

该段和其他段线宽不同

图 4-14

Step 05　双击多段线重新打开编辑命令，然后输入 f 并按空格键，拟合后结果如图 4-15 所示。

Step 06　最后输入 d 并按空格键将多段线非曲线化，按【Esc】键退出编辑命令，结果如图 4-16 所示。

图 4-16

4.3　样条曲线编辑

和多段线一样，样条曲线也有自己的编辑命令。

4.3.1　样条曲线编辑命令介绍

使用样条曲线编辑命令编辑样条曲线时，看到的夹点虽然落在拟合点的位置，但是这些夹点是控制点而非拟合点。调用样条曲线编辑命令的方法有以下几种。

- 菜单命令："修改"→"对象"→"样条曲线"。
- "常用"选项卡："修改"面板→ 按钮。
- 快捷命令：spe（splinedit）+空格键。

● 直接双击样条曲线对象。

直接双击样条曲线对象，命令行提示如下：

输入选项 [闭合(C)/合并(J)/拟合数据(F)/编辑顶点(E)/转换为多段线(P)/反转(R)/放弃(U)/退出(X)] <退出>: f
输入拟合数据选项 [添加(A)/闭合(C)/删除(D)/扭折(K)/移动(M)/清理(P)/切线(T)/公差(L)/退出(X)] <退出>:

各选项的含义解释如下。

● 添加：用于在样条曲线中增加拟合点。

● 闭合：闭合打开的样条曲线。

● 删除：用于从样条曲线中删除拟合点，并且用其余点重新拟合样条曲线。

● 扭折：在样条曲线的指定位置添加节点和拟合点，这不会保持在该点的相切或曲率连续性。

● 移动：用于移动拟合点到新位置。

● 清理：从图形数据库中删除样条曲线的拟合数据。

● 切线：编辑样条曲线的起点和端点切向。

● 公差：使用新的公差值将样条曲线重新拟合至现有点。

● 退出：返回到"输入选项"提示。

4.3.2 样条曲线编辑实例操作

4.3.1 节介绍了样条曲线编辑命令，本节通过一个实例来介绍样条曲线编辑命令的应用。

原始文件：Sample \原始文件\ch04\编辑样条曲线.dwg
最终文件：Sample \结果文件\ch04\编辑样条曲线.dwg

Step 01 打开随书光盘原始文件，双击样条曲线进入样条曲线编辑，如图 4-17 所示。

Step 02 在命令行输入 J，然后选择"要合并到源的开放曲线"，如图 4-18 所示。

图 4-17

选择该样条曲线

图 4-18

Step 03 按【Enter】键将它们合并成一条样条曲线后，在命令行输入 e，然后输入 m，把拟合点移动到下一个端点的位置，如图 4-19 所示。

Step 04 完成拟合点移动后输入 X，然后按【Enter】键退出样条曲线编辑命令，结果如图 4-20 所示。

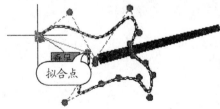

拟合点

图 4-19

图 4-20

4.4　使用特性匹配命令编辑图形

特性匹配命令的功能是吸取 A 特性赋予 B，可以应用的内容包括颜色、图层、线型、线型比例、线宽、打印样式、透明度和其他指定的特性。

调用特性匹配命令的方法如下。

● 菜单命令："修改"→"特性匹配"。
● "常用"选项卡："剪贴"面板→ 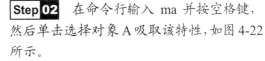 按钮。
● 快捷命令：ma（matchprop）+空格键。

原始文件：Sample \原始文件\ch04\特性匹配.dwg
最终文件：Sample \结果文件\ch04\特性匹配.dwg

Step 01 打开随书光盘原始文件，如图 4-21 所示。

Step 02 在命令行输入 ma 并按空格键，然后单击选择对象 A 吸取该特性，如图 4-22 所示。

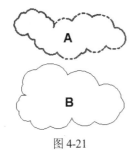

图 4-21

点取对象 A 后，鼠标变成刷子形状

图 4-22

Step 03 接着单击选择想要被赋予其特性的对象 B，然后按空格键退出命令，结果如图 4-23 所示。

图 4-23

4.5　用"特性"选项板编辑对象

"特性"选项板主要用于控制现有对象或对象集的特性。未选定对象时，仅显示当前的常规特性设置，如图 4-24 所示；选择多个对象时，仅显示所有选定对象的公共特性，如图 4-25 所示；选择一个对象时，根据选择的对象不同，显示的内容也不相同，图 4-26 所示为选择一个标注对象时的显示。

| 图 4-24 | 图 4-25 | 图 4-26 |

调用"特性"选项板的方法有以下几种。

● 菜单命令："修改"→"特性"。

● "视图"选项卡："选项板"→ 按钮。

● 快捷命令：pr（Properties）+空格键。

● 快捷键：Ctrl+1。

4.5.1 用"特性"选项板修改图层和线型比例

用"特性"选项板修改图层和线型比例的具体操作步骤如下：

原始文件：Sample \原始文件\ch04\修改图层和线型比例.dwg

最终文件：Sample \结果文件\ch04\修改图层和线型比例.dwg

Step 01 打开随书光盘原始文件，如图 4-27 所示。

Step 02 选中两条中心线，然后按【Ctrl+1】组合键，"特性"选项板显示如图 4-28 所示。

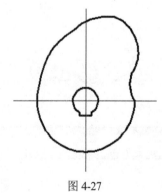

图 4-27

图 4-28

Step 03 单击常规选项卡下的图层下拉列表，选择点画线，如图 4-29 所示。

Step 04 图层更改后按【Esc】键退出"特性"选项板，结果如图 4-30 所示。

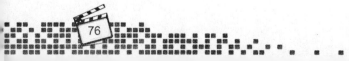

图 4-29

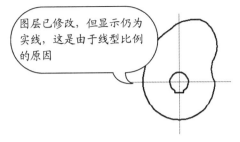

图 4-30

Step 05　重新选择两条中心线，然后将点画线的线型比例改为 0.25，如图 4-31 所示。

Step 06　线型比例更改后按【Esc】键退出"特性"选项板，结果如图 4-32 所示。

只要不单击"关闭"按钮，"特性"选项板就一直悬浮在绘图窗口中，只要选择对象就会显示它的特性性

图 4-31

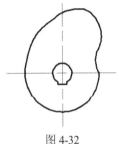

图 4-32

提示：关于线型比例

　　CAD 中线型比例的修改方法有 3 种，即修改单独对象的线型比例、修改全局线型比例、修改当前对象缩放比例。其中修改单独对象的线型比例一般通过"特性"选项进行修改，如本例。修改全局线型比例和当前对象缩放比例则要通过"线型管理器"来修改。调用线型管理器的方法有以下几种。

- 菜单命令："格式"—"线型"。
- "常用"选项卡："特性"面板—"线型"下拉列表—"其他"选项。
- 快捷命令：lt（linetype）+空格键。

　　调用"线型管理器"命令后，弹出"线型管理器"对话框，如图 4-33 所示。

　　"全局比例因子"和"当前对象缩放比例"的关系如图 4-34 所示。

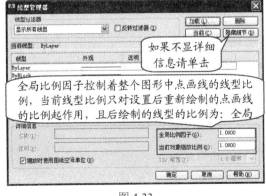

图 4-33

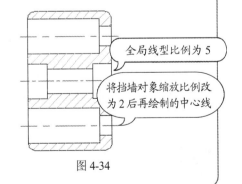

图 4-34

4.5.2　用"特性"选项板修改文字

用"特性"选项板修改文字的具体操作步骤如下：

原始文件：Sample \原始文件\ch04\修改文字.dwg
最终文件：Sample \结果文件\ch04\修改文字.dwg

Step 01　打开随书光盘原始文件，如图4-35
所示。

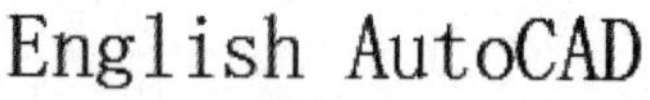

Step 02　选中文字，然后按【Ctrl+1】组合
键，"特性"选项板显示如图4-36所示。

English AutoCAD

图 4-35

图 4-36

Step 03　将文字内容改为"中文版
AutoCAD"，将样式改为"样式1"，高度改
为5，倾斜角度设置为15°，如图4-37所示。

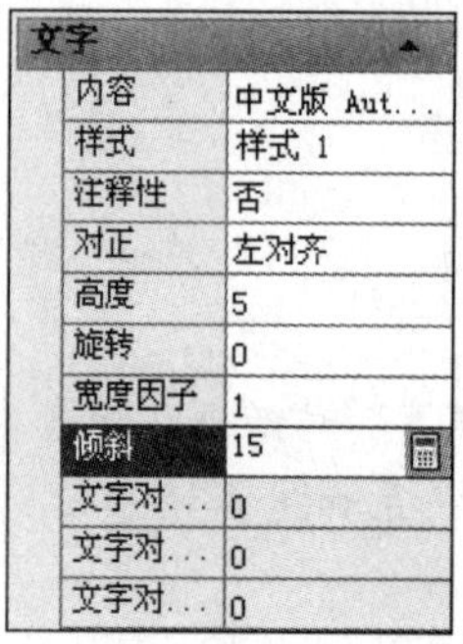

Step 04　文字修改完成后按【Esc】键退出
"特性"选项板，结果如图4-38所示。

图 4-37

图 4-38

4.5.3　用"特性"选项板添加尺寸公差

给尺寸添加公差的方法有两种，一种是通过文字堆叠（具体参见7.4.3节）的方式添加，
另一种是通过"特性"选项板添加。

用"特性"选项板添加尺寸公差的具体操作步骤如下：

原始文件：Sample \原始文件\ch04\添加尺寸公差.dwg
最终文件：Sample \结果文件\ch04\添加尺寸公差.dwg

Step 01 打开随书光盘原始文件，如图 4-39 所示。

Step 02 选中标注为 32 的尺寸，然后按【Ctrl+1】组合键，"特性"选项板显示如图 4-40 所示。

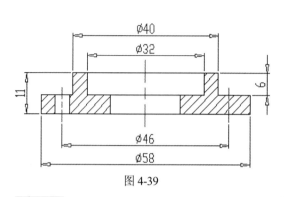

图 4-39

图 4-40

Step 03 对"公差"选项卡的内容进行如图 4-41 所示的设置。

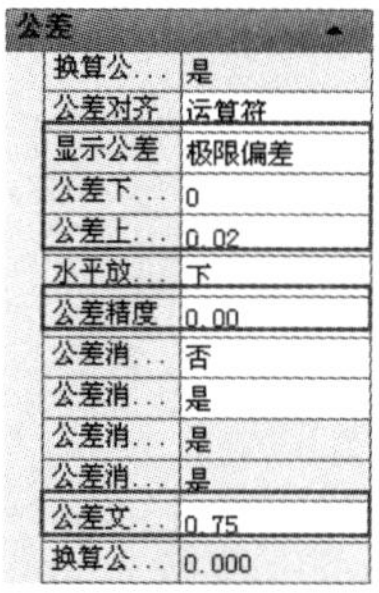

Step 04 公差修改完成后按【Esc】键退出"特性"选项板，结果如图 4-42 所示。

图 4-41

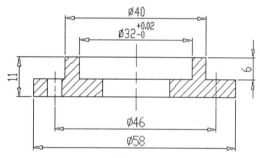

图 4-42

Step 05 选择标注为 46 的尺寸，对"公差"选项卡进行如图 4-43 所示的设置。

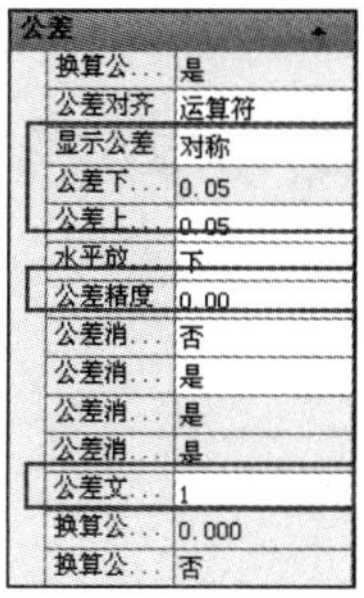

Step 06 公差修改完成后按【Esc】键退出"特性"选项板，结果如图 4-44 所示。

图 4-43

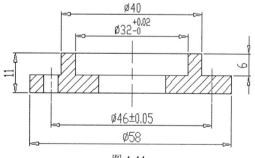

图 4-44

提示：用"特性"选项板添加尺寸公差

用"特性"选项板添加的尺寸公差可以通过特性匹配编辑命令将公差属性匹配给其他尺寸。调用"特性匹配"命令，然后选择"Ø46±0.05"吸取该公差的特性，当鼠标变成刷子形式后单击标注值为40的尺寸，结果如图4-45所示。

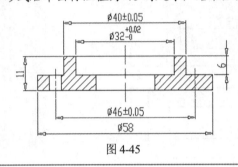

图 4-45

第5章
图层与图案填充

在 AutoCAD 2013 中通过图层不仅可以管理图形对象的显示与隐藏，还可以控制线型和线宽的设置。

图案填充是将线段、图形、花纹填充到指定的区域中。图案填充可以用来表示材质的类型，在机械零件图中常用来表达零件的剖视图或断面图。

视频文件：光盘\视频演示\CH05
视频时间：12 分钟

5.1 图层特性管理器

在 AutoCAD 2013 中打开图层管理器的方法如下。

● 菜单命令："格式" → "图层"。

● "常用"选项卡："图层"面板→ 按钮。

● 快捷命令：la（layer）+空格键。

"图层特性管理器"是一个非常重要的工具，主要用于显示图形中的图层列表及其特性。通过"图层特性管理器"，用户可以添加、删除、重命名图层，并且可以设置图层的线型、线宽以及颜色等。

5.1.1 新建图层

当创建新图层时，列表将默认显示名为"图层 1"。该名称处于选定状态，因此可以立即输入新图层名。新图层将继承图层列表中当前选定图层的特性（颜色、开或关状态等）。具体操作步骤如下：

Step 01 单击"常用"选项卡→"图层"面板按钮 ，弹出"图层特性管理器"选项板，如图 5-1 所示。

Step 02 在"图层特性管理器"选项板中单击"新建图层"按钮 ，此时，即可创建出一个新的图层，然后输入所需的图层名称，如"文字"，如图 5-2 所示。

图 5-1

图 5-2

Step 03 重复单击"新建图层"按钮 ，可以创建出多个图层，如图 5-3 所示。

图 5-3

5.1.2 设置图层颜色

设置颜色的目的是为了更加直观地观察图形。设置图层颜色的具体操作步骤如下：

原始文件：Sample \原始文件\ch05\设置图层颜色.dwg
最终文件：Sample \结果文件\ch05\设置图层颜色.dwg

Step 01 打开随书光盘原始文件,如图 5-4 所示。

图 5-4

Step 02 打开"图层特性管理器"选项板,单击颜色图标,如图 5-5 所示。

图 5-5

Step 03 在弹出的"选择颜色"对话框中选择"索引颜色"选项卡中的红色,然后单击"确定"按钮,如图 5-6 所示。

图 5-6

Step 04 返回"图层特性管理器"选项板中单击"关闭"按钮,关闭"图层特性管理器"选项板,在绘图窗口中可以看到更改的图层颜色,如图 5-7 所示。

图 5-7

5.1.3 设置图层线型

线型是由沿图形显示的线、点和间隔组成的图样,用于区分图像中的不同图形元素。修改图层线型的具体操作步骤如下:

原始文件:Sample \原始文件\ch05\设置图层线型.dwg

最终文件:Sample \结果文件\ch05\设置图层线型.dwg

Step 01 打开随书光盘原始文件,如图 5-8 所示。

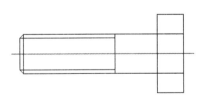

图 5-8

Step 02 打开"图层特性管理器",然后单击要更改的线型,如图 5-9 所示。

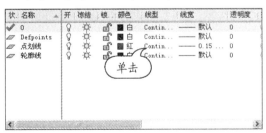

图 5-9

Step 03 在弹出的"选择线型"对话框中单击"加载"按钮,如图 5-10 所示。

Step 04 在弹出的"加载或重载线型"对话框中选择要加载的线型 CENTER,然后单击"确定"按钮,如图 5-11 所示。

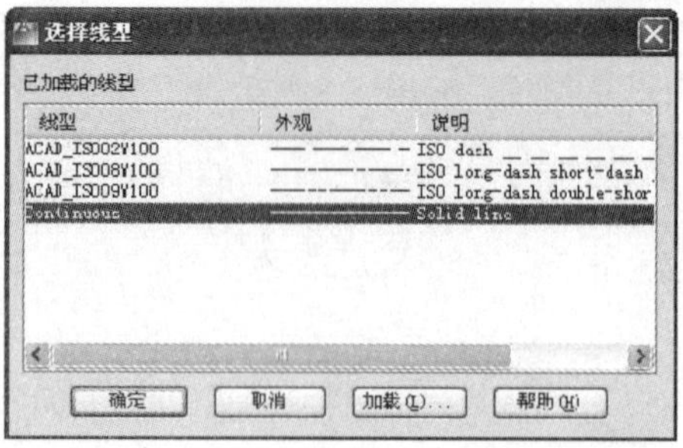

图 5-10

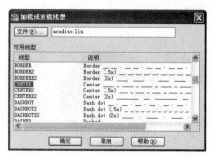

图 5-11

Step 05 返回"选择线型"对话框中选择步骤 4 加载的线型，然后单击"确定"按钮，如图 5-12 所示。

Step 06 返回"图层特性管理器"，单击"关闭"按钮关闭"图层特性管理器"选项板，在绘图窗口中可以看到更改的线型，如图 5-13 所示。

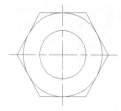

图 5-12

图 5-13

5.1.4 设置图层线宽

当线宽为 0.25mm 或更小时，模型空间显示为 1 个像素宽，此时在 CAD 中区分不出线宽，但在进行图形打印输出时能分辨出线的粗细。

 原始文件：Sample \原始文件\ch05\设置图层线宽.dwg
最终文件：Sample \结果文件\ch05\设置图层线宽.dwg

Step 01 打开随书光盘原始文件，如图 5-14 所示。

Step 02 打开"图层特性管理器"，然后单击轮廓线后面的线宽，如图 5-15 所示。

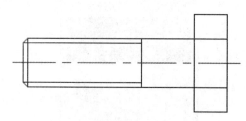

图 5-14

图 5-15

Step 03 在弹出的"线宽"对话框中选择"0.30mm"线宽，然后单击"确定"按钮，如图 5-16 所示。

Step 04 返回"图层特性管理器"选项板中单击"关闭"按钮，在绘图窗口中可以看到更改后的线宽，如图 5-17 所示。

图 5-16

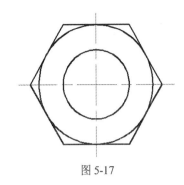

图 5-17

提示：线宽的显示

更改线宽（大于 0.3mm）后，只有当状态栏中的"线宽"按钮➕处于打开状态时，才能显现出线宽。

5.2　图层状态的控制与应用

图层状态的控制主要包括图层打开/关闭、图层冻结/解冻、图层锁定/解锁。

5.2.1　打开与关闭图层

通过将图层打开或关闭可以控制图形的显示或隐藏。图层处于关闭状态时，图层中的内容将被隐藏且无法进行编辑和打印。在"图层特性管理器"选项板中打开的图形以明亮的灯泡图标显示，隐藏的图层以灰色的灯泡图标显示。打开与关闭图层的具体操作步骤如下：

原始文件： Sample \原始文件\ch05\打开与关闭图层.dwg
最终文件： Sample \结果文件\ch05\打开与关闭图层.dwg

Step 01　打开随书光盘原始文件，此时的点画线处于打开状态，如图 5-18 所示。

Step 02　打开"图层特性管理器"，单击"点画线"后面的灯泡图标💡，如图 5-19 所示。

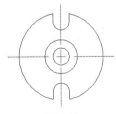

图 5-18

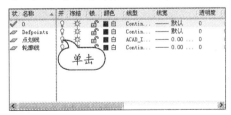

图 5-19

Step 03　此时灯泡图标由亮变暗💡，如图 5-20 所示。

Step 04　关闭"图层特性管理器"，返回到绘图窗口中可以看到关闭的点画线已经被隐藏了，如图 5-21 所示。

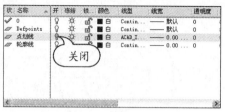

图 5-20 　　　　　　　　　　　　　　　　图 5-21

5.2.2 冻结与解冻图层

图层冻结时图层中的内容被隐藏，且该图层上的内容不能进行编辑和打印。将图层冻结可以减少复杂图形的重新生成时间。图层冻结时将以灰色的雪花图标显示，图层解冻时将以明亮的太阳图标显示。冻结与解冻图层的具体操作步骤如下：

 原始文件：Sample \原始文件\ch05\冻结与解冻图层.dwg

最终文件：Sample \结果文件\ch05\冻结与解冻图层.dwg

Step 01 　打开随书光盘原始文件，此时的轮廓线处于解冻状态，如图 5-22 所示。

Step 02 　打开"图层特性管理器"，单击"轮廓线"后面的太阳图标，如图 5-23 所示。

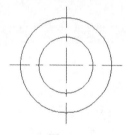

图 5-22

图 5-23

Step 03 　此时轮廓线的太阳图标变成雪花图标，如图 5-24 所示。

Step 04 　关闭"图层特性管理器"，返回到绘图窗口中可以看到冻结的轮廓线已经被隐藏了，如图 5-25 所示。

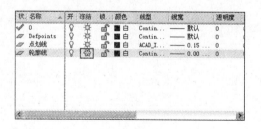

图 5-24

图 5-25

提示：冻结图层与关闭图层的区别

冻结图层和关闭图层的区别在于：冻结图层可以减少重新生成图形时的计算时间，图层越复杂越能体现出冻结图层的优越性。

　　解冻一个图层将引起整个图形重新生成，而打开一个图层则只是重画这个图层上的对象。因此，如果用户需要频繁地改变图层的可见性，应使用关闭而不应使用冻结。

　　在 AutoCAD 2013 中，当前图层可以被关闭但不可以被冻结。如果当前图层被关闭，仍可在当前图层中绘制图形，但绘制的图形将自动隐藏。

5.2.3　锁定与解锁图层

　　图层锁定后图层上的内容依然可见，但是不能被编辑。锁定的图层将以封闭的锁图标显示，解锁的图层将以打开的锁图标显示。锁定与解锁图层的具体操作步骤如下：

 原始文件：Sample \原始文件\ch05\锁定与解锁图层.dwg
　　最终文件：Sample \结果文件\ch05\锁定与解锁图层.dwg

Step 01 打开随书光盘原始文件，此时的点画线处于解锁状态，如图 5-26 所示。

Step 02 打开"图层特性管理器"，单击"点画线"后面的锁图标 🔓，如图 5-27 所示。

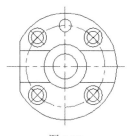

图 5-26　　　　　　　　　　　　图 5-27

Step 03 此时点画线的解锁图标变成锁定图标，如图 5-28 所示。

Step 04 关闭"图层特性管理器"，返回到绘图窗口中，将鼠标放在点画线上会看到一把锁的图标，如图 5-29 所示。

图 5-28　　　　　　　　　　　　图 5-29

5.2.4　快速更换图层

　　在更换图层时，不需要在"图层特性管理器"选项板中更换图层，直接选择"常用"选项卡→"图层"面板→"图层"下拉列表来切换。单击当前图层后面的下拉按钮，在弹出的下拉列表中选择要更换的图层即可，具体的操作步骤如下：

 原始文件：Sample \原始文件\ch05\快速更换图层.dwg
　　最终文件：Sample \结果文件\ch05\快速更换图层.dwg

Step 01 打开随书光盘原始文件，然后在绘图窗口中选择要更改图层的对象，如图 5-30 所示。

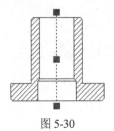

图 5-30

Step 02 选择"常用"选项卡>"图层"面板>"图层"下拉列表，选择"点画线"图层，如图 5-31 所示。

图 5-31

Step 03 按【Esc】键退出，完成的效果如图 5-32 所示。

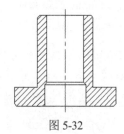

图 5-32

5.3 图案填充

给图形进行填充可以使用程序提供的图案样式，也可以使用自定义的图案样式，除此之外还可以使用渐变色来进行图案的填充。

5.3.1 图案填充选项的介绍

调用命令的方法如下。

● 菜单命令："绘图" → "图案填充"。
● "常用"选项卡："绘图"面板→ 按钮。
● 命令：h（hatch）+空格键。

调用填充命令后"图案填充创建"面板自动打开，如图 5-33 所示。

图 5-33

1. 边界

调用填充命令后，默认状态为拾取状态（相当于单击了"拾取点"按钮），单击"选择"按钮，可以通过选择对象来进行填充，如图 5-34 所示。

2. 图案

AutoCAD 提供了 93 种行业标准填充图案，可用于区分对象的部件或表示对象的材质，如图 5-35 所示。

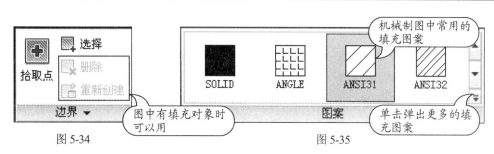

图 5-34　　　　　　　　　　　　　　　　　　　　图 5-35

3. 特性

控制图案的填充类型、背景色、透明度及选定填充图案的角度和比例，如图 5-36 所示。

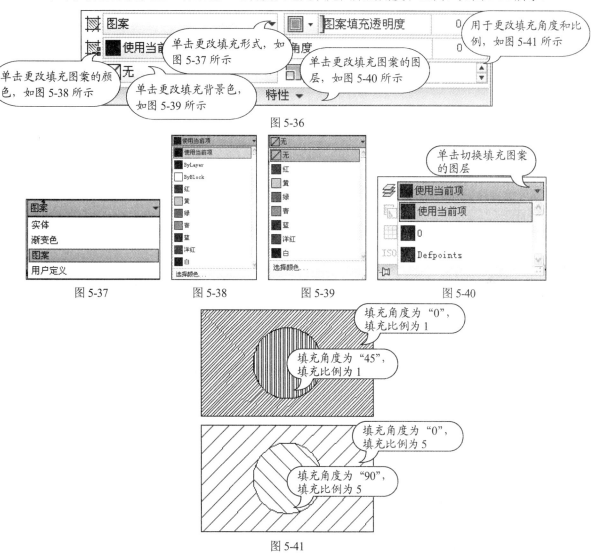

图 5-36

图 5-37　　　　图 5-38　　　　图 5-39　　　　图 5-40

图 5-41

4. 原点

控制填充图案生成的起始位置。默认情况下，所有图案填充原点都对应于当前的 UCS 原点，如图 5-42 所示。

5. 选项

控制几个常用的图案填充或填充选项，并可以通过单击"特性匹配"按钮使用选定图案填充对象的特性对指定的边界进行填充，如图 5-43 所示。

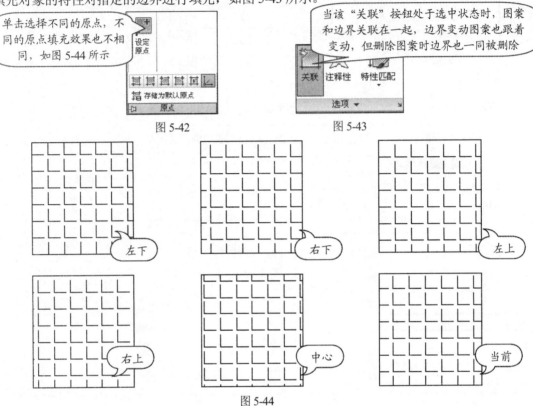

图 5-42　　　　　　　　　　　　　图 5-43

图 5-44

对于习惯用填充对话框形式的用户，可以在"图案填充创建"选项卡中单击"选项"后面的箭头，弹出"图案填充和渐变色"对话框，如图 5-45 所示。单击"渐变色"选项卡后，对话框变成如图 5-46 所示。对话框中的选项内容和选项卡相同，这里不再赘述。

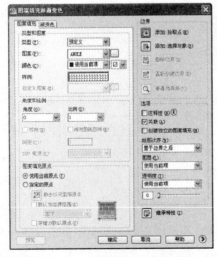

图 5-45

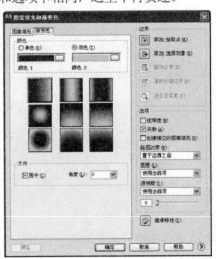

图 5-46

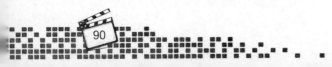

5.3.2 创建图案填充

通过前面的介绍，读者对图案填充应该有了一个大致的了解，本节就通过具体的实例来讲解如何进行图案填充操作。

原始文件：Sample\原始文件\ch05\创建图案填充.dwg

结果文件：Sample \结果文件\ch05\创建图案填充.dwg

Step 01 打开随书光盘原始文件，如图 5-47 所示。

Step 02 在命令行输入 h 并按空格键调用图案填充命令，在"图案填充创建"选项卡中选择 ANSI31，然后单击"拾取点"按钮，如图 5-48 所示。

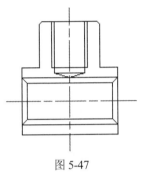

图 5-47

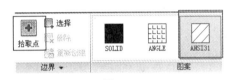

图 5-48

Step 03 然后在绘图窗口中指定内部点，如图 5-49 所示。

Step 04 按【Enter】键确定，完成的效果如图 5-50 所示。

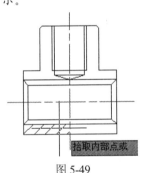

图 5-49

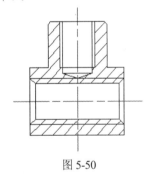

图 5-50

5.3.3 渐变色填充

在 AutoCAD 2013 中除了可以使用图案填充外，还可以使用渐变色对图形进行渐变填充。本节就通过一个实例来介绍如何使用渐变色对图形进行填充，具体操作步骤如下：

原始文件：Sample \原始文件\ch05\渐变色填充.dwg

结果文件：Sample \结果文件\ch05\渐变色填充.dwg

Step 01 打开随书光盘原始文件，如图 5-51 所示。

Step 02 单击"常用"→"绘图"→"（和"图案填充"按钮折叠在一起）"，在"图案填充创建"选项卡中选择"图案"→GR_LINEAR 选项，如图 5-52 所示。

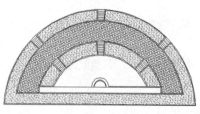

图 5-51

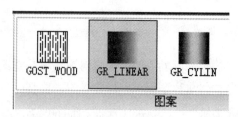

图 5-52

Step 03 然后在图形上拾取内部点，如图 5-53 所示。

Step 04 按【Enter】键结束命令，完成的效果如图 5-54 所示。

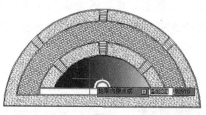

图 5-53

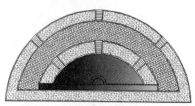

图 5-54

5.3.4 创建孤岛

位于图案填充边界内的封闭区域称为孤岛。孤岛填充有 3 种样式：普通样式、外部样式和忽略样式。填充时只要选择好图案，在"图案填充创建"选项卡的"选项"面板下拉菜单中进行选择，如图 5-55 所示。

图 5-55

1．普通样式

普通填充是从外部边界向内进行填充，如果遇到内部孤岛将关闭图案填充，直到遇到该孤岛内的另一个孤岛，如图 5-56 所示。

2．外部样式

外部填充是从外部向内进行填充，如果遇到内部孤岛将关闭图案填充。外部填充只对结构的最外层进行填充，而结构内部保留空白，如图 5-57 所示。

3．忽略样式

忽略样式是忽略所有的内部对象，填充图案时将通过这些对象，如图 5-58 所示。

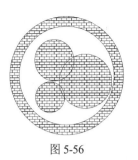
图 5-56

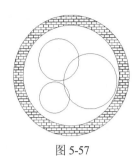
图 5-57

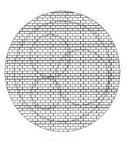
图 5-58

5.4　图层和填充综合实例

本章重点介绍了图层和图案填充的应用，本节通过一个综合案例来本章所讲内容进行系统的串联和回顾。本案例首先对已有的点画线、轮廓线图层进行修改，然后创建一个剖面线图层，最后给图形添加剖面线。绘制完成后效果如图 5-59 所示。

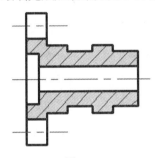
图 5-59

原始文件：Sample \原始文件\ch05\图层和填充综合实例.dwg
最终文件：Sample \结果文件\ch05\图层和填充综合实例.dwg

5.4.1　修改点画线、轮廓线图层

图形绘制完成后，为了区分图形结构，经常需要对图层的线型、线宽进行修改。本节就来具体介绍如何修改图层的线宽和线型。

Step 01　打开随书光盘原始文件，如图 5-60 所示。

Step 02　在命令行输入 la 并按空格键，打开 "图层特性管理器" 选项板，如图 5-61 所示。

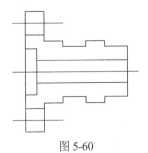
图 5-60

图 5-61

Step 03 单击"点画线"的线型按钮 Contin..., 弹出"选择线型"对话框, 如图 5-62 所示。

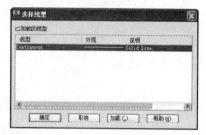

图 5-62

Step 05 单击"确定"按钮, 回到"选择线型"对话框, 如图 5-64 所示。

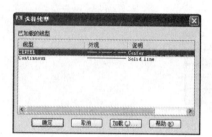

图 5-64

Step 07 单击"轮廓线"的线宽按钮 ——默认, 弹出"线宽"对话框, 选择 "0.30mm", 如图 5-66 所示。最后单击"确定"按钮, 将"轮廓线"图层的线宽改为 0.30mm。

图 5-66

Step 09 单击"常用"选项卡→"特性"面板→"线型"下拉列表, 如图 5-68 所示。

Step 04 单击"加载"按钮, 弹出"加载或重载线型"对话框, 选择 CENTER 线型, 如图 5-63 所示。

图 5-63

Step 06 选择 CENTER 线型, 然后单击"确定"按钮, 将"点画线"的线型改为 CENTER, 如图 5-65 所示。

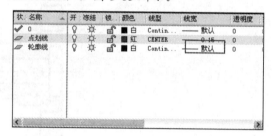

图 5-65

Step 08 图层更改完毕后单击 X 按钮, 将"图层特性管理器"关闭, 结果图形发生变化, 如图 5-67 所示。

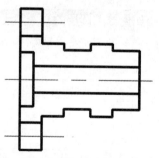

图 5-67

Step 10 单击"其他"按钮, 弹出"线型管理器"对话框, 将"全局比例因子"改为 0.5, 如图 5-69 所示。

图 5-68

图 5-69

Step 11 单击"确定"按钮，回到绘图界面后，中心线的显示比例发生变化，如图 5-70 所示。

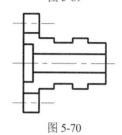

图 5-70

5.4.2 创建剖面线图层

在给图形添加图案填充之前先创建图案填充的图层，具体的创建步骤如下：

Step 01 在命令行输入 la 并按空格键，在弹出的"图层特性管理器"选项板中单击 按钮创建一个新图层，并将"图层 1"改为"剖面线"，如图 5-71 所示。

Step 02 单击颜色按钮█，弹出"选择颜色"对话框，选择"蓝色"，如图 5-72 所示。最后单击"确定"按钮，将"剖面线"图层的颜色改为蓝色。

图 5-71

图 5-72

Step 03 单击线宽按钮 —— 默认，弹出"线宽"对话框，选择"0.15mm"，如图 5-73 所示。最后单击"确定"按钮，将"剖面线"图层的线宽改为 0.15mm。

Step 04 剖面线创建完成后，双击 按钮，将"剖面线"图层置为当前层，如图 5-74 所示。

图 5-73

图 5-74

5.4.3 给图形添加图案填充

图案填充图层创建完毕后，本节就来给图形添加图案填充，具体操作步骤如下：

Step 01 在命令行输入 h 并按空格键，在弹出的"图案填充创建"选项卡的"图案"面板中选择 ANSI31 图案，如图 5-75 所示。

Step 02 在图形中需要填充的区域单击，然后按【Enter】键结束图案填充，结果如图 5-76 所示。

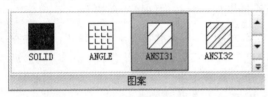

图 5-75

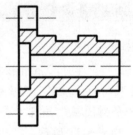

图 5-76

Step 03 填充结束后，如果对填充不满意，单击填充图案，在弹出的"图案填充编辑器"中即可对图案进行修/改。如图 5-77 所示，在"特性"面板中将背景色改为"黄色"，将填充比例改为 1.5。

Step 04 修改完成后，按【Esc】键退出"图案填充编辑器"选项板，结果如图 5-78 所示。

图 5-77

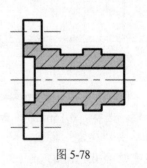

图 5-78

第6章
书写文字与表格

在制图中，文字是不可缺少的组成部分，经常用文字来书写图纸的技术要求。除了技术要求外，对于装配图还要创建图纸明细栏加以说明装配图的组成，而在 AutoCAD 中创建明细栏最常用的方法就是利用表格命令来创建。

视频文件：光盘\视频演示\CH06
视频时间：28 分钟

6.1 创建文字样式

AutoCAD 中默认使用的文字样式为 Standard，可以通过"文字样式"对话框对文字样式进行修改，或者创建适合自己使用的文字样式。

调用命令的方法如下。

- 菜单命令："格式"→"文字样式"。
- "常用"选项卡："注释"面板下拉按钮→"文字样式"按钮 **A**。
- 命令：st（style）+空格键。

Step 01 启动 AutoCAD 2013，在命令行输入 st 并按空格键，弹出"文字样式"对话框，如图 6-1 所示。

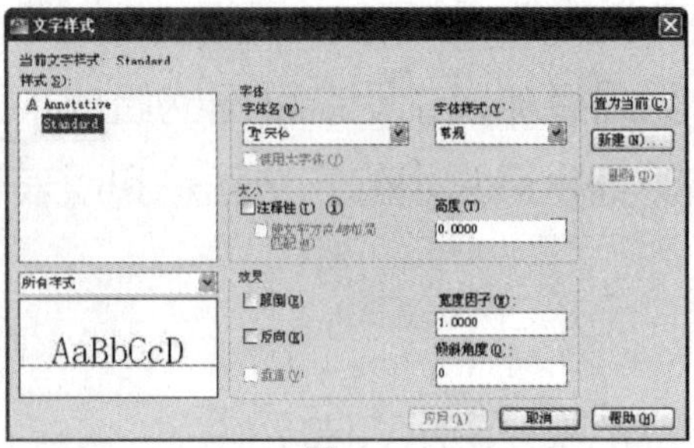

Step 02 在对话框中单击"新建"按钮，弹出"新建文字样式"对话框，在"样式名"文本框中输入"建筑"，然后单击"确定"按钮，如图 6-2 所示。

图 6-1

图 6-2

Step 03 回到"文字样式"对话框，在"当前文字样式"下面的列表框中显示"建筑"文字样式，如图 6-3 所示。

Step 04 单击"字体名"文本框右侧的下拉按钮，在下拉列表中选择"宋体"，如图 6-4 所示。

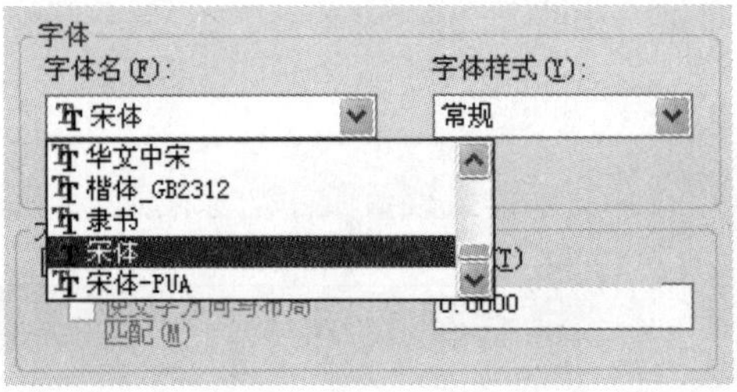

图 6-3

图 6-4

Step 05 在"高度"文本框中输入文字的高度为 25，如图 6-5 所示。

Step 06 在"宽度因子"文本框中输入"1.5"，在"倾斜角度"文本框中输入"30"，然后在对话框左下方的预览框中可以预览设置的文字样式，如图 6-6 所示。

图 6-5

图 6-6

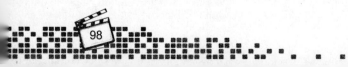

提示：字体和字体的高度

　　AutoCAD 提供了两种字体，即原始的.shx 字体和 True Type 字体，前者是由形文件（shape）创建的，后者则是大多数 Windows 应用程序所采用的字体。单击字体的下拉列表，即可看到 AutoCAD 提供的各种字体，如图 6-7 所示。

　　"大字体"是指亚洲语言的大字体文件，只有在"字体名"中选择了 shx 字体，才能启用"使用大字体"选项。如果选择了 shx 字体，并且勾选了"使用大字体"复选框，"大字体"下拉列表将有与之相对应的选项供其使用，如图 6-8 所示。

　　字体高度一旦设定，在输入文字时将不再提示输入文字高度，只能用设定的文字高度，所以如果不是指定用途的文字一般不设置高度。

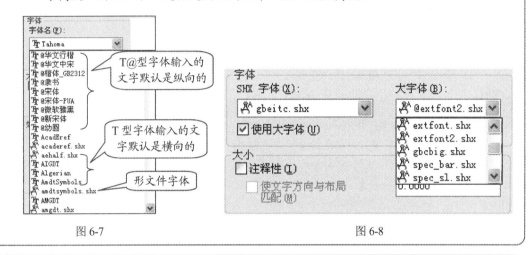

图 6-7 　　　　　　　　　　　　　　　　　　　图 6-8

6.2　创建和编辑单行文字

　　使用"单行文字"命令，可以创建一行或多行文字，每行文字都是独立的对象。在创建单行文字时，需要指定文字样式并设置文字对正方式。对正方式决定文字的哪一部分与插入点对齐。文字样式设置文字对象的默认特征。

6.2.1　创建单行文字

　　在制图中，经常使用单行文字填写说明文字。

　　调用命令的方法如下。

- 菜单命令："绘图"→"文字"→"单行文字"。
- "常用"选项卡："注释"面板→"文字"下拉按钮→"单行文字"按钮。
- 命令：dt（dtext）+空格键。

Step 01　调用"单行文字"命令后，在绘图框内先确定一个起点，然后随意拉出一个文字高度，也可以输入精确的数值来指定文字高度，如图 6-9 所示。

Step 02　当确定想要的文字高度后单击确认，下一步是输入文字的角度，如图 6-10 所示。若不需要角度则直接按空格键结束设置，开始输入文字。

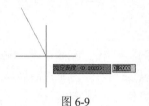

图 6-9

图 6-10

Step 03 高度与角度设置完成后，输入的
文字效果如图 6-11 所示。

图 6-11

提示：对齐方式的选择

在确定单行文字的第一个起点之前可以根据命令行提示来确定文字的对齐方
式，输入 j 选择对齐方式，一共有 14 种，如图 6-12 所示。对齐方式就输入文字时
的基点，也就是说，如果选择了"右中对齐"，那么文字右侧中点就会靠着基点对齐，
如图 6-13 所示。选择对齐方式后的文字会出现两个夹点，一个夹点固定在左下方，
而另一个夹点就是基点的位置，如图 6-14 所示。

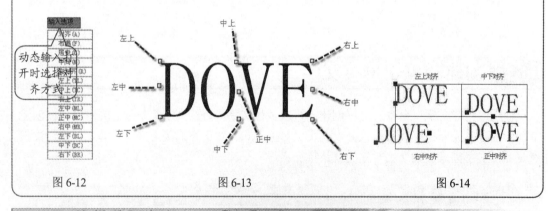

图 6-12   图 6-13   图 6-14

6.2.2 编辑单行文字

如果文字内容不符合要求，可以通过文字编辑命令对文字进行编辑。
调用命令的方法如下。

● 菜单命令："修改"→"对象"→"文字"→"编辑"。

● 快捷方法：直接双击该文字也可进入编辑状态。

● 命令：ed（ddedit）+空格键。

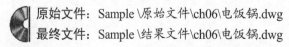

原始文件：Sample \原始文件\ch06\电饭锅.dwg

最终文件：Sample \结果文件\ch06\电饭锅.dwg

Step 01 打开随书光盘原始文件，如图 6-15 所示。

Step 02 双击文字，输入正确的文字，如图 6-16 所示。

图 6-15

图 6-16

Step 03 如果要更改文字的高度，可以选择"修改"→"对象"→"文字"→"比例"菜单命令，选择要更改的文字，如图 6-17 所示。

Step 04 选择好对象后，按两次空格键，重新指定文字高度为"30"，再按空格键，就会看到被修改后的单行文字的效果，可拖动文字夹点到适当的位置，如图 6-18 所示。

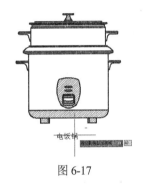

图 6-17

图 6-18

6.3 创建和编辑多行文字

创建多行文字的方法与单行文字不同，多行文字可以由两行或两行以上的文字段落组成，不管多少行，整个多行文字都是一个整体。

6.3.1 创建多行文字

多行文字经常用来书写技术要求，多行文字分解后就变成了单行文字。

调用命令的方法如下。

● 菜单命令："绘图"→"文字"→"多行文字"。

● "常用"选项卡："注释"面板→"文字"下拉按钮→"多行文字"按钮。

● 命令：t（mtext）+空格键。

调用多行文字命令后拖动鼠标到适当的位置后单击，弹出一个顶部带有标尺的"文字输入"窗口。输入完成后，单击"关闭文字编辑器"按钮，此时文字显示在用户指定的位置，如图 6-19 所示。

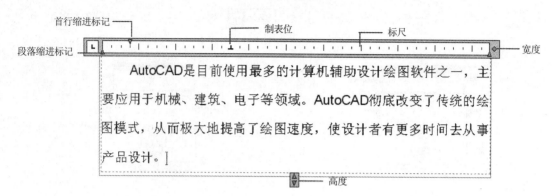

图 6-19

在输入多行文字时，每行文字输入完成后，系统会自动换行；拖动右侧的◀▶按钮可以调整文字输入窗口的宽度；另外，当文字输入窗口中的文字过多时，系统将自动调整文字输入窗口的高度，从而使输入的多行文字全部显示。在输入多行文字时，按【Enter】键的功能是切换到下一段落，只有按【Ctrl+Enter】组合键才可结束输入操作。

原始文件：Sample \原始文件\ch06\支座.dwg

最终文件：Sample \结果文件\ch06\支座.dwg

Step 01 打开随书光盘原始文件，如图 6-20 所示。

Step 02 调用"多行文字"命令，在图形左下方指定第一角点，如图 6-21 所示。

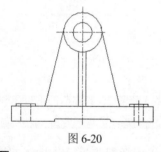

图 6-20

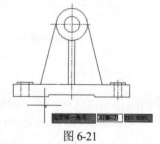

图 6-21

Step 03 将鼠标向右下方拖出一个矩形输入框，然后单击指定对角点，如图 6-22 所示。

Step 04 松开鼠标按键，如图 6-23 所示，即可在文字编辑器中开始输入文字说明。

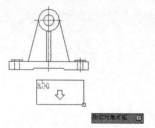

图 6-22

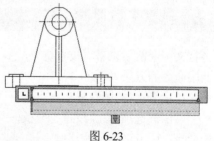

图 6-23

Step 05 输入完一行文字后，按【Enter】键，即可在另一行中输入文字，如图 6-24 所示。

Step 06 在文字输入框外单击，退出文字编辑器，最终结果如图 6-25 所示。

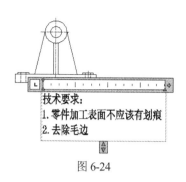

图 6-24

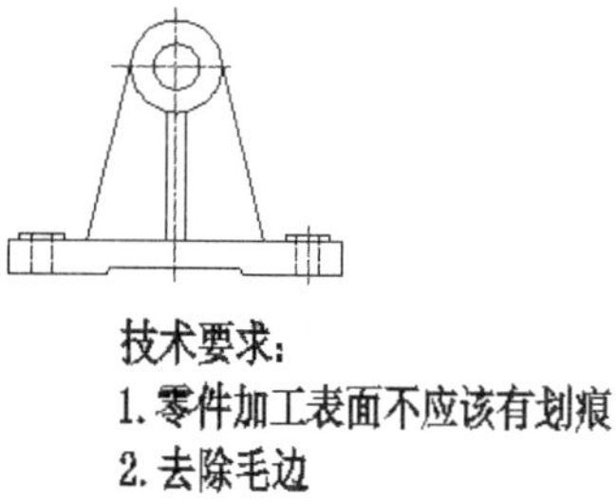

图 6-25

6.3.2 编辑多行文字

多行文字的编辑方法和单行文字相同，所不同的是编辑多行文字时，调用命令后弹出"文字编辑器"选项卡，如图 6-26 所示。

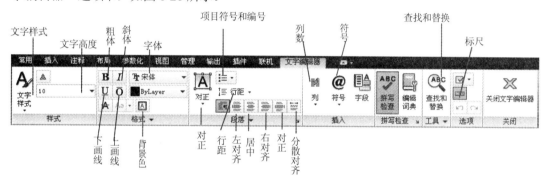

图 6-26

在"文字编辑器"选项卡中可以设置当前文字样式、字体、高度、颜色以及是否使用粗体、斜体或下画线等；若要修改已有文字的样式，首先选择需要修改的文字，使其呈反白显示，然后再进行修改。标尺则用于控制多行文字的宽度以及首行文字和段落文字的缩进距离。

 原始文件：Sample \原始文件\ch06\编辑多行文字.dwg

最终文件：Sample \结果文件\ch06\编辑多行文字.dwg

Step 01 打开随书光盘原始文件，如图 6-27 所示。

图 6-27

Step 02 双击该文字进入编辑状态，如图 6-28 所示。

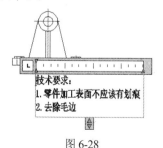

图 6-28

Step 03 选择编辑内容，如图 6-29 所示。

Step 04 在"文字编辑器"选项卡的"格式"面板中选择"文字编辑器颜色库"选项，选择颜色为"蓝色"，如图 6-30 所示。

图 6-29

图 6-30

Step 05 在"文字编辑器"选项卡的"格式"面板中选择"字体"选项，在下拉列表中选择"幼圆"字体，如图 6-31 所示。

Step 06 在"段落"面板中单击"对正"按钮，在下拉列表中选择"正中"选项，如图 6-32 所示。

图 6-31

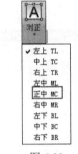

图 6-32

Step 07 文字格式更改好后，在编辑器外单击，退出文字编辑器，更改后的效果如图 6-33 所示。

图 6-33

6.3.3 特殊符号

在应用 AutoCAD 绘图时，经常需要输入一些特殊字符，如表示直径符号 Φ、表示正负号的±等。在 AutoCAD 中插入这些特殊符号的方法有两种：一种是通过"文字编辑器"的符号选项进行插入；另一种是通过 AutoCAD 提供的控制码（两个百分号%%）加一个字母代表该符号的字母实现。

1. 插入特殊符号

原始文件：Sample \原始文件\ch06\插入特殊符号.dwg
最终文件：Sample \结果文件\ch06\插入特殊符号.dwg

Step 01 打开随书光盘原始文件，如图6-34所示。

技术要求：

1. 铸件不得有气孔、夹渣、裂纹等缺陷。
2. 未注明铸造斜度均为1-2.5°。
3. 铸造公差按GB6414-86 CT6。
4. 去毛刺，未注倒角0.5×45°，未注铸造圆角为R1-R2.5。
5. 加工后所有直径为12的孔的公差均为正负0.05。

图 6-34

Step 02 双击文字进入编辑状态，然后选中"直径为"，如图6-35所示。

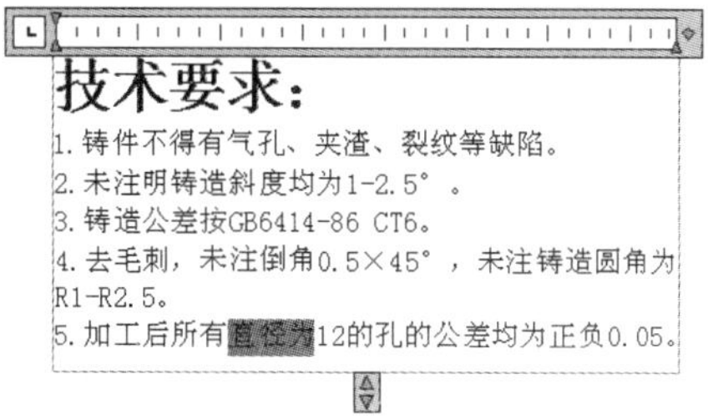

图 6-35

Step 03 然后选择"文字编辑器选项卡"→"插入面板"→"符号"→"直径"菜单命令，如图6-36所示。

@符号	字段	ABC拼写检查	编辑词典	ABC查找和替换
度数	%%d
正/负	%%p
直径	%%c
几乎相等	\U+2248
角度	\U+2220
边界线	\U+E100
中心线	\U+2104
差值	\U+0394
电相角	\U+0278

图 6-36

Step 04 重复步骤2~3，选中"正负"，然后将正负改为"±"，结果如图6-37所示。

技术要求：

1. 铸件不得有气孔、夹渣、裂纹等缺陷。
2. 未注明铸造斜度均为1-2.5°。
3. 铸造公差按GB6414-86 CT6。
4. 去毛刺，未注倒角0.5×45°，未注铸造圆角为R1-R2.5。
5. 加工后所有φ12的孔的公差均为±0.05。

图 6-37

技术点拨：插入特殊符号

若"符号"下拉列表中没有需要的符号，可以选择"其他"选项，在弹出的"字符映射表"对话框中还有更多符号以供选择，如图6-38所示。

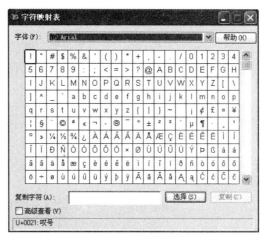

图 6-38

2. 通过控制码输入特殊符号

常用的特殊字符代码如表6-1所示。

表 6-1　AutoCAD 2013 常用特殊字符代码

代　　码	功　　能	输入效果
%%O	打开或关闭文字上画线	教程
%%U	打开或关闭文字下画线	说明
%%D	标注度（°）符号	60°
%%P	标注正负公差（±）符号	±100
%%C	标注直径（φ）符号	φ150
%%%	百分号（%）	%
\U+2220	角度（∠）	∠60
\U+2260	不等于（≠）	18≠18.5
\U+2248	约等于（≈）	≈68
\U+0394	差值（△）	△80

 原始文件：无

最终文件：Sample\结果文件\ch06\控制码输入特殊符号.dwg

　　在命令行输入 dt 并按空格键，然后在命令行"输入文字:"提示下输入"%%U 不锈钢 %%U%%O 垫片%%O：直径%%C5，圆角 30%%D，误差%%P1"，结果如图 6-39 所示。

不锈钢垫片：直径⌀5, 圆角30°，误差±1

图 6-39

 技术点拨：文字控制符

　　在输入文字控制符的输入应该在英文状态下输入，所以在输入的过程中要注意中英文切换。

6.3.4　文字的"堆叠"

　　使用"堆叠"可以设置分数、公差等形式的文字。要对文字进行堆叠，首先双击文字使其处于编辑状态，然后选择要堆叠的文字。对文字进行堆叠的方法有以下两种：

● 单击"文字编辑器"→"格式"下拉菜单→"堆叠"按钮，如图 6-40（左）所示。

● 右击，在弹出的快捷菜单中选择"堆叠"命令，如图 6-40（右）所示。

图 6-40

通常使用"/"、"＾"或"＃"等符号设置文字的堆叠方式。

1．分数形式

使用"/"或"＃"连接分子与分母。选择分数文字，单击"堆叠"按钮即可显示为分数的表示形式，如图 6-41 所示。

$$1/9 \longrightarrow \frac{1}{9} \qquad 1\#9 \longrightarrow {}^1\!/_9$$

图 6-41

2．上标形式

使用字符"＾"标识文字。将"＾"放在文字之后，然后将其与文字都选中，并单击"堆叠"按钮，即可设置所选文字为上标字符，如图 6-42 所示。

3．下标形式

将"＾"放在文字之前，然后将其与文字都选中，并单击"堆叠"按钮，即可设置所选文字为下标字符，如图 6-43 所示。

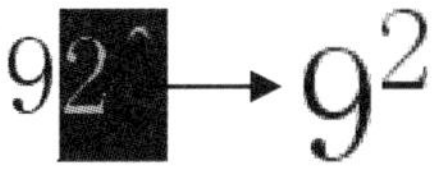

$$92^\wedge \longrightarrow 9^2 \qquad 9^\wedge2 \longrightarrow 9_2$$

图 6-42 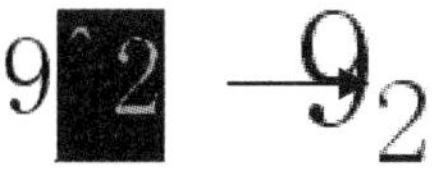   图 6-43

4．公差形式

将字符"＾"放在文字之间，然后将其与文字都选中，单击"堆叠"按钮，即可将所选文字设置为公差形式，如图 6-44 所示。

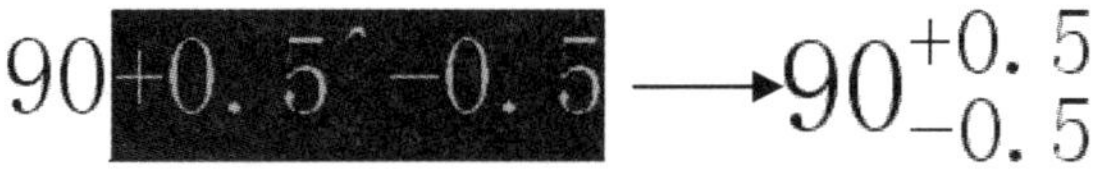

$$90{+}0.5^\wedge{-}0.5 \longrightarrow 90^{+0.5}_{-0.5}$$

图 6-44

6.4 创建与编辑表格

表格是由包含注释（以文字为主，也包含多个块）的单元构成的，在制图中，常使用表格创建标题栏、明细栏等。

6.4.1 创建表格

表格的外观由表格样式来控制。AutoCAD 2013 中默认的表格样式为 Standard，在创建表格之前，先设置自己需要的表格样式。

调用命令的方法如下。

- 菜单命令："格式"→"表格样式"。
- "常用"选项卡："注释"面板下拉按钮→"表格样式"按钮 。
- 命令：ts（tablestyle）+空格键。

Step 01 调用"表格样式"命令,弹出"表格样式"对话框,单击"新建"按钮,弹出"创建新的表格样式"对话框,在"新样式"文本框中输入名称"007",如图6-45所示。

图 6-45

Step 02 单击"继续"按钮后转入"007"的新建表格样式设置,如图6-46所示。

图 6-46

Step 03 单击"单元样式"下拉按钮,选择"标题"选项,如图6-47所示。

图 6-47

Step 04 设置标题单元格常规特性的填充颜色为青色,其他设置默认,如图6-48所示。

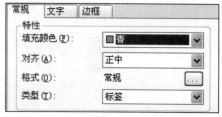

图 6-48

Step 05 单击"文字"选项卡,将文字高度设置为30,其他设置不变,如图6-49所示。

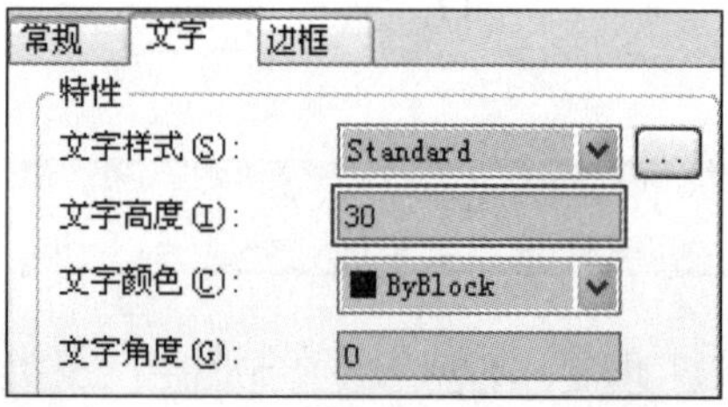

图 6-49

Step 06 选择"边框"选项卡,将线宽设置为0.35mm,颜色设置为红色,并选择边框样式为"底部边框",如图6-50所示。

图 6-50

Step 07 选择步骤3中的"表头"选项,常规选项卡的设置不变,单击"文字"选项卡,将文字高度改为20,颜色改为蓝色,如图6-51所示。

图 6-51

Step 08 选择"边框"选项卡,将颜色设置为绿色,并选择边框样式为"内边框",如图6-52所示。

图 6-52

Step 09 选择步骤 3 中的"数据"选项，单击"常规"选项卡，将对齐方式改为"正中"，如图 6-53 所示。

Step 10 单击"文字"选项卡，将文字高度改为 15，颜色改为红色，如图 6-54 所示。

图 6-53

图 6-54

Step 11 单击"边框"选项卡，将颜色设置为红色，并选择边框样式为"外边框"，如图 6-55 所示。

Step 12 设置完成后如图 6-56 所示。然后单击"确定"按钮离开"007"的表格设置样式，回到"表格样式"对话框后单击"置为当前"按钮，然后单击"关闭"按钮。

图 6-55

图 6-56

6.4.2　在图形中创建表格

创建完表格样式之后，就可以使用刚刚设置好的表格样式在图形中创建新表格了。

调用表格命令的方法如下。

- 菜单命令："绘图"→"表格"。
- "常用"选项卡："注释"面板→"表格"按钮。
- 命令：table+空格键。

原始文件：无

最终文件：Sample \结果文件\ch06\创建表格.dwg

Step 01 调用"表格"命令，弹出"插入表格"对话框，在左上角表格样式中选择 6.4.1 节设置的表格样式"007"，并设置列数为 4，行数为 3，列宽为 200，行高为 2 行，如图 6-57 所示。

Step 02 设置完成后单击"确定"按钮，在绘图窗口合适的位置单击插入表格，如图 6-58 所示。

图 6-57

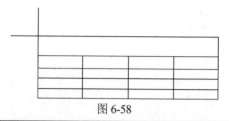

图 6-58

Step 03 在表格中输入文字,输入文字时可以通过按"↑、↓、←、→"键来切换表格。输入完成后在表格外的绘图窗口单击一点结束输入,结果如图 6-59 所示。

营养表			
胡萝卜	土豆	西红柿	茄子
维生素A	淀粉9~20%	维生素B1	胡萝卜素
维生素B1	蛋白质1.5~2.3%	维生素B2	抗坏血酸
维生素B2	脂肪0.1~1.1%	维生素C	蛋白质

图 6-59

提示:列宽和行高的设置

列宽和行高的单位是不一样的,列宽是实际的绘图框里的尺寸,而行高则是与表格样式"特性"里设置的文字高度有关。即如果行高里设置的是 3,那么行高的实际高度则是 3 倍的文字高度。由于要有空隙,所以实际会大于"3 倍的文字高度"一点。

6.4.3 编辑表格

表格创建完成后,在表格单元格中单击,将显示列和行的数目,其中,以字母显示列,以数字显示行。功能区中还增加了"表格单元"选项卡。

在"表格单元"选项卡下,可以编辑表格行和列,合并和取消表格单元,改变表格单元边框的外观,编辑数据格式,对齐、锁定、解锁编辑单元表格,插入块、字段和公式,创建和编辑表格单元样式,将表格链接至外部数据等。编辑表格的具体操作步骤如下:

原始文件:Sample \原始文件\ch06\编辑表格.dwg

最终文件:Sample \结果文件\ch06\编辑表格.dwg

Step 01 打开随书光盘原始文件,如图 6-60 所示。

Step 02 双击"工程名称"文字进入编辑状态并全选该文字,如图 6-49(左)所示。将 "样式" 面板中的字体设置为"60",按【Enter】键确认,如图 6-61(右)所示。

图 6-60

图 6-61

Step 03 选择需要合并的第一个单元格，然后按住【Shift】键，再选择需要合并的最后一个单元格，此时会出现黄色的边框和蓝点，如图 6-62 所示。

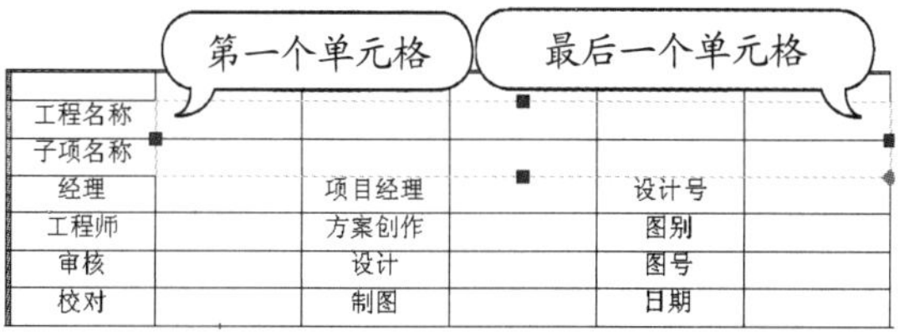

第一个单元格　最后一个单元格

工程名称		
子项名称		
经理	项目经理	设计号
工程师	方案创作	图别
审核	设计	图号
校对	制图	日期

图 6-62

Step 04 然后在"表格单元"选项卡中选择"合并单元>按行合并"选项，如图 6-63 所示。

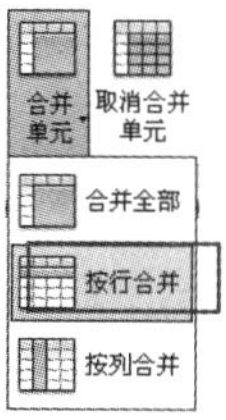

合并单元　取消合并单元
合并全部
按行合并
按列合并

图 6-63

Step 05 回到绘图窗口中，按【Esc】键退出"表格单元"选项卡，会看到合并表格后的效果，如图 6-64 所示。

工程名称		
子项名称		
经理	项目经理	设计号
工程师	方案创作	图别
审核审核	设计	图号
校对	制图	日期

图 6-64

Step 06 选择第一行单元格，如图 6-65 所示。

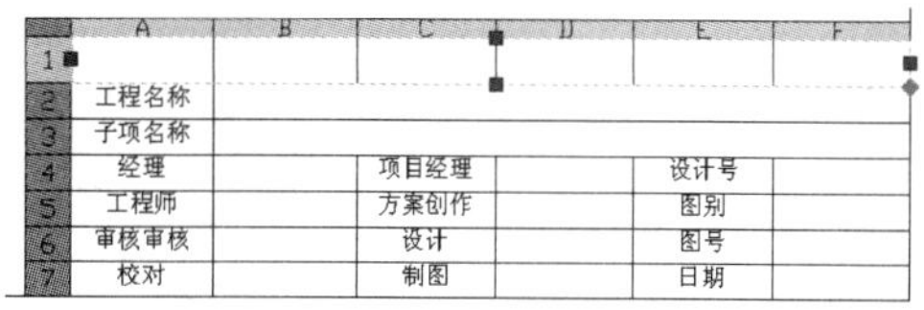

工程名称		
子项名称		
经理	项目经理	设计号
工程师	方案创作	图别
审核审核	设计	图号
校对	制图	日期

图 6-65

Step 07 单击"表格单元"选项卡中的"删除行"按钮，把第一行删除，如图 6-66 所示。

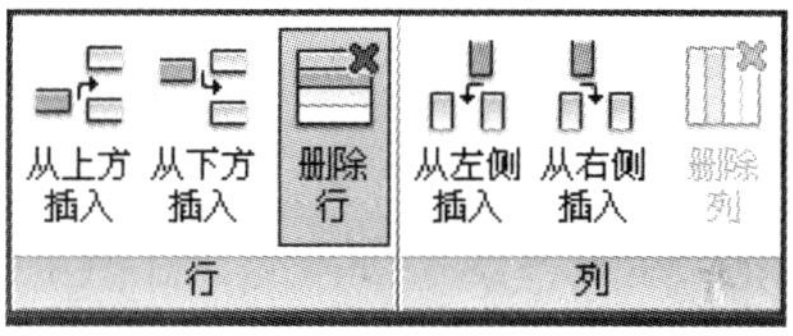

从上方插入　从下方插入　删除行　从左侧插入　从右侧插入　删除列
行　列

图 6-66

Step 08 回到绘图窗口中，按【Esc】键，退出"表格单元"选项卡，会看到删除表格后的效果，如图 6-67 所示。

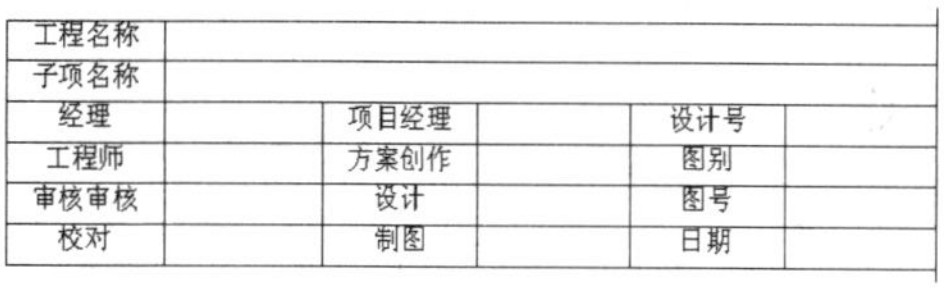

工程名称		
子项名称		
经理	项目经理	设计号
工程师	方案创作	图别
审核	设计	图号
校对	制图	日期

图 6-67

Step 09 全选表格，在命令行输入 m 调用"移动"命令，选择表格右下角的点为基点，把表格移动至贴合边框右下角边缘，如图 6-68 所示。

工程名称		
子项名称		
经理	项目经理	设计号
工程师	方案创作	图别
审核	设计	图号
校对	制图	日期

图 6-68

Step 10 表格移动到位后，最终结果如图 6-69 所示。

图 6-69

6.5 实例练习：创建图纸的明细栏和技术要求

本例主要应用单行文字、多行文字、文字编辑以及插入表格等命令给齿轮泵装配图添加明细栏和技术要求，完成后效果如图 6-70 所示。

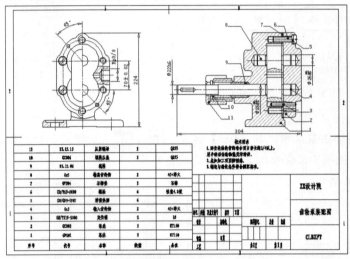

图 6-70

原始文件： Sample \原始文件\ch06\创建明细栏和技术要求.dwg
最终文件： Sample \结果文件\ch06\创建明细栏和技术要求.dwg

6.5.1 书写技术要求和标题栏

本节来书写技术要求和标题栏，书写技术要求时主要用到多行文字命令，填写标题栏时主要用到单行文字命令。具体操作步骤如下：

Step 01 打开随书光盘原始文件“创建明细栏和技术要求”，如图 6-71 所示。

图 6-71

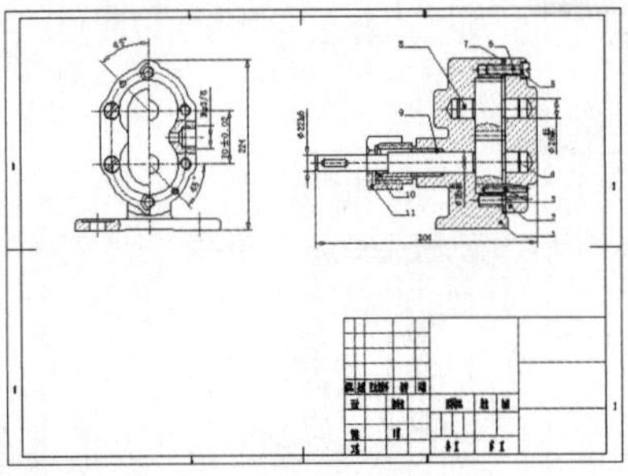

Step 02 在命令行输入 st，在弹出的对话框中选择“工程文字”将它“置为当前”，如图 6-72 所示。

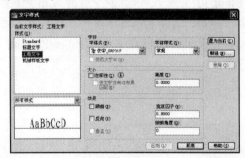

图 6-72

Step 03 在命令行输入 t 并按空格键，在弹出的“文字编辑器”选项卡的“样式”面板中将文字高度设置为 8，如图 6-73 所示。

Step 04 输入装配图的技术要求，如图 6-74 所示。

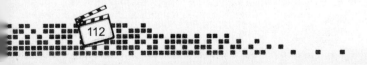

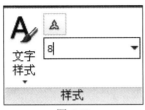

文字
样式
8
样式

图 6-73

技术要求
1. 两齿轮轴轮齿的啮合面占齿长的3/4以上，
用手转动齿轮轴能灵活转动。
2. 未知加工面图防锈漆。
3. 制造与验收条件符合国家标准。

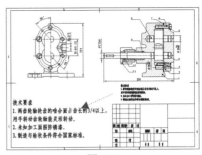

图 6-74

Step 05 双击步骤 4 输入的文字，并选中“技术要求”，然后单击“格式”面板中的“加粗”按钮和“段落”面板中的“居中”按钮，如图 6-75 所示。

B I
仿宋_GB…
ByLayer
Aa
对正
格式
段落

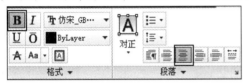

图 6-75

Step 06 设置完成后在空白处单击或按【Esc】键退出文字编辑，结果如图 6-76 所示。

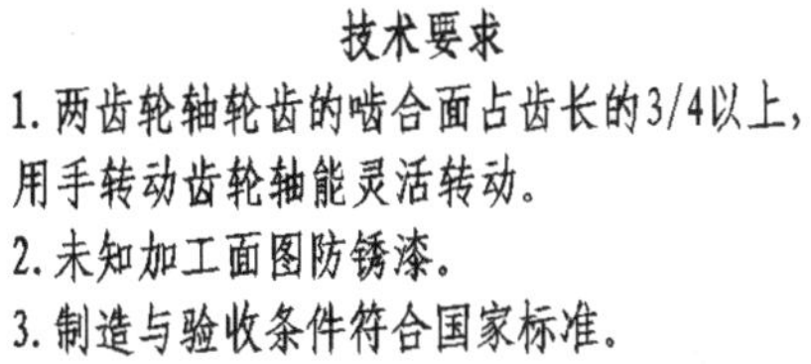

技术要求
1. 两齿轮轴轮齿的啮合面占齿长的3/4以上，
用手转动齿轮轴能灵活转动。
2. 未知加工面图防锈漆。
3. 制造与验收条件符合国家标准。

图 6-76

Step 07 在命令行输入 dt 并按空格键，在命令行提示指定合适的输入位置，并将文字高度设置为 12，旋转角度设置为 0。命令行提示如下：

```
命令: TEXT
当前文字样式: “工程文字” 文字高度: 2.5000 注释性: 否
指定文字的起点或 [对正(J)/样式(S)]: //指定合适的输入位置
指定高度 <2.5000>: 12
指定文字的旋转角度 <0>: 0
```

Step 08 标题栏填写完成后在空白处单击，然后按【Esc】键退出单行文字的书写，结果如图 6-77 所示。

XX设计院
单位名称
齿轮泵装配图
图形名称
总页数
CLBZPT
零件编号
共1页
第1页

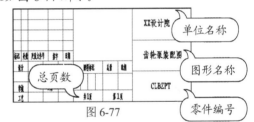

图 6-77

6.5.2 创建明细栏

装配图中除了技术要求和标题栏外还需要明细栏，明细栏主要用于记录零件的编号、名称、数量以及零件的材料等。具体操作步骤如下：

Step 01 在命令行输入 ts，选择“工程表”样式，如图 6-78 所示。

Step 02 单击“修改”按钮，弹出“修改表格样式：工程表”对话框，将表格方向改为“向上”，如图 6-79 所示。

表格样式
标题和表头在上方
选择工程表
标题
表头 表头 表头
置为当前
新建
修改
关闭
帮助

图 6-78

常规
表格方向
向上
向下
标题和表头在下方
表头 表头
标题

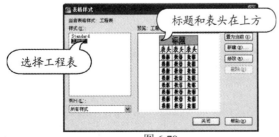

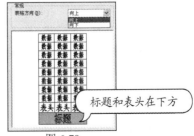

图 6-79

Step 03 将新的"工程表"样式"置为当前"，然后单击"关闭"按钮。在命令行输入 tb，对弹出的"插入表格"对话框进行如图 6-80 所示的设置。

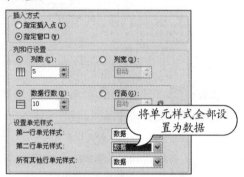

图 6-80

Step 04 选择第一角点，并拖动鼠标指定第二个角点来设置表格的大小和放置位置，如图 6-81 所示。

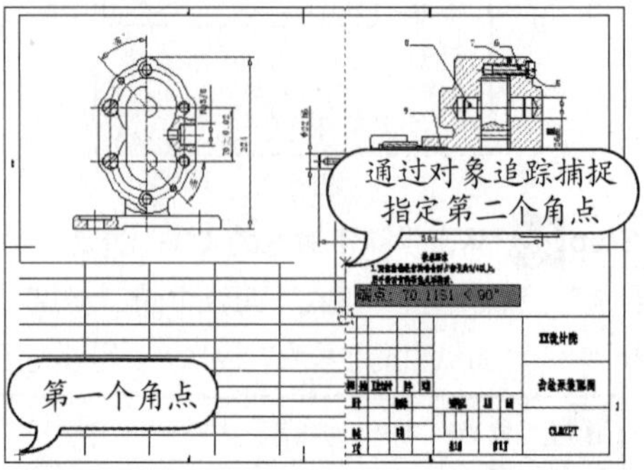

图 6-81

Step 05 确定表格的大小和放置位置后，在光标处填写明细表表头栏，如图 6-82 所示。

图 6-82

Step 06 按"↑、↓、←、→"键移动光标来填写明细表的其他单元格，结果如图 6-83 所示。

图 6-83

Step 07 单击"序号"单元格使其处于编辑状态，然后单击"单元表格"选项卡中的 按钮，如图 6-84 所示。

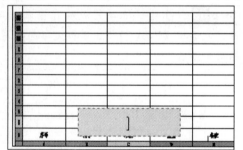

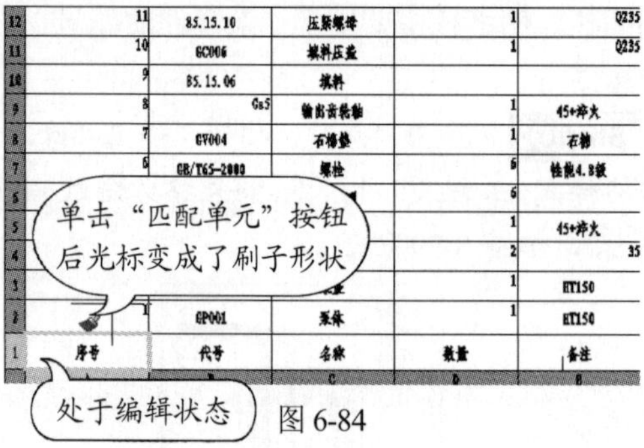

图 6-84

Step 08 单击其他不在"正中"显示的单元格，使所有的文字内容全部居中显示，如图 6-85 所示。整个图形完成的效果如图 6-70 所示。

11	85.15.10	压紧螺母	1	Q235
10	GC006	填料压盖	1	Q235
9	85.15.06	填料		
8	Ga5	输出齿轮轴	1	45#淬火
7	GV004	石棉垫	1	石棉
6	GB/T65-2000	螺栓	6	性能4.8级
5	GB/093-1987	弹簧垫圈	6	
4	Ga3	输入齿轮轴	1	45#淬火
3	GB/T119-2000	定位销	2	35
2	GC002	泵盖	1	HT150
1	GP001	泵体	1	HT150
序号	代号	名称	数量	备注

图 6-85

第7章
标注尺寸与多重引线

图形绘制完成后一般还需要进行尺寸标注，尺寸标注的目的是为了便于加工制造和检验。

尺寸标注包括基本尺寸的标注、特殊符号的标注等。

视频文件：光盘\视频演示\CH07

视频时间：28 分钟

7.1 尺寸标注样式

在进行尺寸标注之前需要先设置尺寸标注的样式。尺寸标注样式包括尺寸线、尺寸界线、箭头、文字样式、文字颜色、文字高度等。

调用命令的方法如下。

- 菜单命令："格式"→"标注样式"。
- "常用"选项卡："注释"面板下拉列表→⬛按钮。
- 命令：d（dimstyle）+空格键。

在命令行输入 d 并按空格键，弹出"标注样式管理器"对话框，单击"新建"按钮弹出"创建新标注样式"对话框，如图7-1所示，在"新样式名"文本框中填写样式名称（009），然后单击"继续"按钮，弹出"新建标注样式：009"对话框，如图7-2所示。下面介绍这些标注样式的设置。

图 7-1

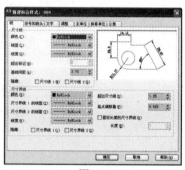

图 7-2

1. "线"选项卡的设置

在"线"选项卡下的"尺寸线"选项区域中，用户可以设置尺寸线的颜色、线型、线宽、是否隐藏尺寸线等操作，如图7-3所示。图7-4所示为隐藏尺寸线1后的效果图。

图 7-3

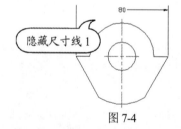

图 7-4

"尺寸界线"的设置与"尺寸线"设置的方法类似，只是多了超出尺寸线的距离、起点偏移量和固定长度3个选项，如图7-5所示。超出尺寸线是指定尺寸界线超出尺寸线的距离，起点偏移量是指尺寸界线的原点距离拾取点的距离，如图7-6所示。

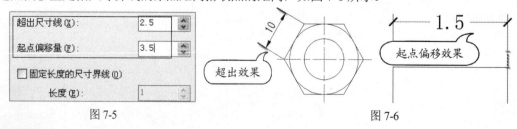

图 7-5

图 7-6

2．"符号和箭头"选项卡的设置

在"箭头"选项区域中可以设置箭头的样式和大小，如图 7-7 和 7-8 所示。

图 7-7

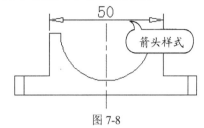

图 7-8

"弧长符号"选项区域用于设置在使用"弧长"标注时是否显示弧长符号，以及弧长符号的位置，如图 7-9 所示，效果图如图 7-10 所示。

图 7-9

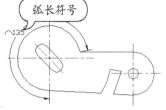

图 7-10

"圆心标记"选项区域如图 7-11 所示。当选择"无"时，"标注"→"圆心标记"命令不可用。当选择"标记"选项时，调用"标注"→"圆心标记"命令可以给圆或圆弧添加圆心标记，标记的大小是所设值的两倍。当选择"直线"选项时，调用"标注"→"圆心标记"命令可以给圆或圆心添加标记，标记的大小是所设值的两倍，且超出圆或圆弧部分的直线长度为所设值的大小，如图 7-12 所示。

图 7-11

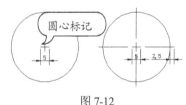

图 7-12

3．"文字"设置

"文字外观"选项区域可以设置文字的样式、文字颜色，以及是否绘制文字边框，如图 7-13 所示。勾选"绘制文字边框"复选框，在标注的文字上将会添加一个边框，如图 7-14 所示。

图 7-13

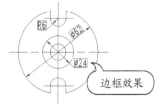

图 7-14

在"文字位置"选项区域中，垂直选项决定了文字与尺寸线的关系，水平选项决定了文字与尺寸界线之间的关系，如图 7-15 所示。设置文字位置的效果如图 7-16 所示。

图 7-15

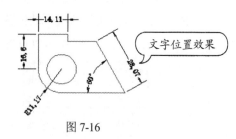

图 7-16

在"文字对齐"选项区域中有 3 种对齐方式，如图 7-17 所示。选择"水平"选项时文字始终与水平方向平行；选择"与尺寸线对齐"时文字与尺寸线始终对齐；选择"ISO 标准"时当文字在尺寸界线内时与尺寸线对齐，当文字在尺寸线外时水平排列，如图 7-18 所示。

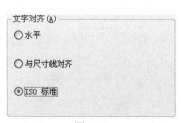

图 7-17

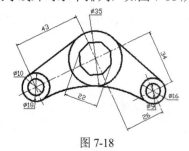

图 7-18

4. "调整"设置

"调整"选项卡主要用来调整文字的位置，以及调整文字和箭头之间的关系，此外，标注特征比例还可以改变标注特征显示的大小，如图 7-19 所示，效果如图 7-20 所示。

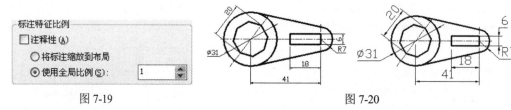

图 7-19

图 7-20

5. "主单位"设置

"主单位"选项卡主要用于设置标注显示的单位精度、是否取消前导零、后续零。另外，该选项卡还可以设置测量单位的比例。

"线性标注"选项区域用于设置标注的单位格式、精度等，如图 7-21 所示。图 7-22 所示为不同单位精度的标注显示效果。

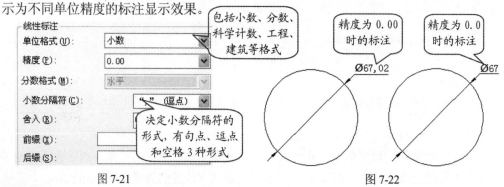

图 7-21

图 7-22

"测量单位比例"选项区域用于显示测量值的大小，如图 7-23 所示，标注值会根据真实的测量值乘以测量单位的比例，如图 7-24 所示。

图 7-23　　　　　　　　　　　　　　　　图 7-24

提示：标注特征比例与测量单位比例的区别

标注特征比例主要更改标注的所有特征的大小，如箭头、起点偏移量、超出尺寸线、文字的大小等，但是不改变测量的数值。测量单位比例不修改标注特征的大小，修改的是测量值的大小。

"消零"选项区域用于取消标注值的前导零和后续零，如图 7-25 所示。一般后续零经常取消，前导零不取消。取消和不取消后续零的显示效果如图 7-26 所示。

图 7-25　　　　　　　　　　　　　　　　图 7-26

7.2　线性尺寸标注

设置完样式之后就可以进行标注了。尺寸标注可以分为线性标注、径向标注（半径、直径和折弯标注）、角度标注、弧长标注等类型。用户可以根据需要为各种对象沿各个方向创建标注。

7.2.1　线性标注

线性标注可以水平或垂直放置。创建线性标注时，可以修改文字的内容、文字的角度或尺寸线的角度。

调用命令的方法如下。

- 菜单命令："标注"→"线性"。
- "注释"选项卡："标注"面板→⊢⊣（在"标注"下拉列表中）按钮。
- 命令：dli（dimlinear）+空格键。

线性标注的具体操作步骤如下：

原始文件：Sample \原始文件\ch07\线性标注.dwg
最终文件：Sample \结果文件\ch07\线性标注.dwg

Step 01 打开随书光盘原始文件，如图 7-27 所示。

Step 02 调用"线性"标注命令，然后指定端点为第一条尺寸界线的原点，如图 7-28 所示。

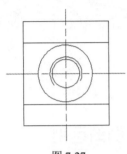

图 7-27

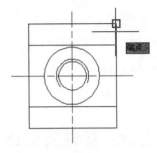

图 7-28

Step 03 接着指定另一个端点为第二条尺寸界线的原点，如图 7-29 所示。

Step 04 移动光标，在合适的位置指定尺寸线位置，如图 7-30 所示。

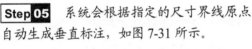

图 7-29

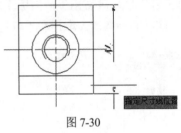

图 7-30

Step 05 系统会根据指定的尺寸界线原点自动生成垂直标注，如图 7-31 所示。

图 7-31

7.2.2 对齐标注

对齐标注用于标注带有一定倾斜角度的直线的长度距离，对齐标注尺寸线平行于所标注的直线对象。

调用命令的方法如下。

● 菜单命令："标注"→"对齐"。

● "注释"选项卡："标注"面板→↘（在"标注"下拉列表中）按钮。

● 命令：dal（dimaligned）+空格键。

对齐标注的具体操作步骤如下：

原始文件：Sample \原始文件\ch07\对齐标注.dwg

最终文件：Sample \结果文件\ch07\对齐标注.dwg

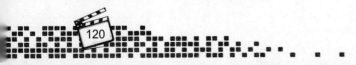

Step 01　打开随书光盘原始文件，如图 7-32 所示。

Step 02　调用"对齐"标注命令，然后指定三角形上方的端点为第一条尺寸界线的原点，如图 7-33 所示。

图 7-32

图 7-33

Step 03　接着指定三角形的另一个端点为第二条尺寸界线的原点，如图 7-34 所示。

Step 04　移动光标，在合适的位置指定尺寸线位置，效果如图 7-35 所示。

图 7-34

图 7-35

提示：对齐标注

对齐标注也可以标注水平或竖直直线，但是当标注完成后，再重新调节标注位置时，往往得不到想要的结果。因此，在标注水平或竖直尺寸时最好使用线性标注。

7.2.3　基线标注

基线标注可以快速地进行尺寸标注。在进行基线标注之前需要有一个线性标注、对齐标注、角度标注或坐标标注作为参考基线，然后依次指定每条标注尺寸的第二条尺寸界线的原点即可。

调用命令的方法如下。

● 菜单命令："标注" → "基线"。

● "注释"选项卡："标注"面板→ ⊢⊣（与"连续标注"在同一下拉列表中）按钮。

● 命令：dba（dimbaseline）+空格键。

基线标注的具体操作步骤如下：

原始文件： Sample \原始文件\ch07\基线标注.dwg

最终文件： Sample \结果文件\ch07\基线标注.dwg

Step 01 打开随书光盘原始文件,如图 7-36 所示。

Step 02 调用"基线"标注命令,在图形上指定端点为第一条尺寸界线的原点,指定点的时候程序采取就近原则,如图 7-37 所示。

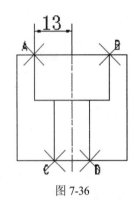

图 7-36

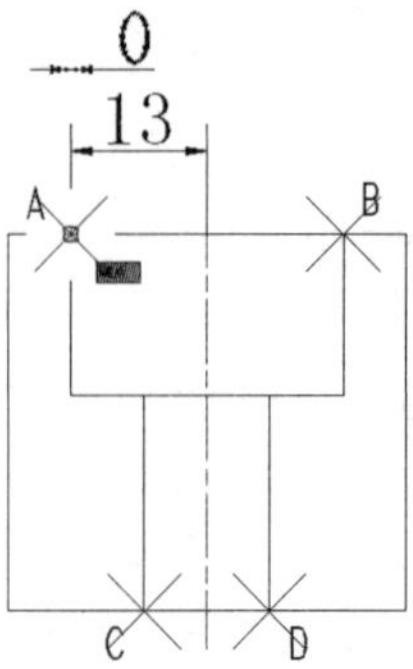

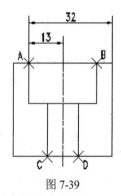

图 7-37

Step 03 然后在图形中指定另一个端点为第二条尺寸界线的原点,如图 7-38 所示。

Step 04 按【Enter】键结束基线标注,结果如图 7-39 所示。

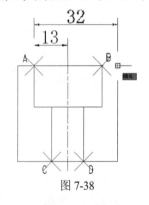

图 7-38

图 7-39

7.2.4 连续标注

连续标注是首尾相连的多个标注。在创建连续标注之前,必须先创建线性标注、对齐标注、角度标注或坐标标注。连续标注默认是从最后标注的尺寸界线处测量的。

调用命令的方法如下。

● 菜单命令:"标注"→"连续"。

● "注释"选项卡:"标注"面板→ ⊦₦ (与"基线标注"在同一下拉列表中)按钮。

● 命令:dco(dimcontinue)+空格键。

连续标注的具体操作步骤如下:

原始文件:Sample \原始文件\ch07\连续标注.dwg

最终文件:Sample \结果文件\ch07\连续标注.dwg

Step 01 打开随书光盘原始文件,如图 7-40 所示。

Step 02 调用"连续"标注命令,然后在命令行中输入 S,接着选择连续标注的原点,如图 7-41 所示。

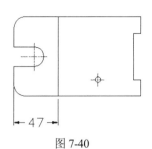

图 7-40

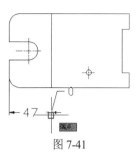

图 7-41

Step 03　在绘图窗口中指定端点为下一个
尺寸界线的原点,如图 7-42 所示。

Step 04　按【Enter】键结束连续标注,完
成后的效果如图 7-43 所示。

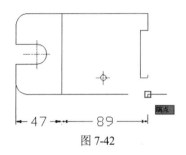

图 7-42

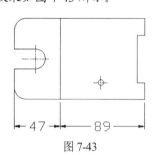

图 7-43

7.2.5　折弯线性标注

　　使用折弯线性标注可以在线性标注上添加折弯符号。通常,在实际测量值小于需要标注
值的情况下,就需要在标注对象上添加折弯符号。

　　调用命令的方法如下。

- 菜单命令:"标注"→"折弯线性"。
- "注释"选项卡:"标注"面板→ ∿ 按钮。
- 命令:djl(dimjogline)+空格键。

　　折弯线性标注的具体操作步骤如下:

　　原始文件: Sample \原始文件\ch07\折弯线性标注.dwg
　　最终文件: Sample \结果文件\ch07\折弯线性标注.dwg

Step 01　打开随书光盘原始文件,如图 7-44
所示。

Step 02　调用"折弯线性"标注命令,在绘
图窗口中的图形上选择要添加折弯符号的标
注,如图 7-45 所示。

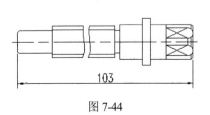

图 7-44

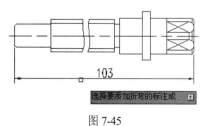

图 7-45

Step 03 在适当的位置单击，指定折弯的位置，如图 7-46 所示。

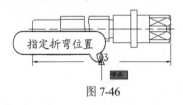

图 7-46

Step 04 按【Enter】键，会看到折弯线性标注的效果，如图 7-47 所示。

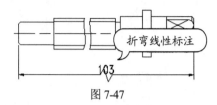

图 7-47

7.3 曲线标注

曲线标注包括半径标注、直径标注、弧长标注、角度标注等。

7.3.1 半径、直径标注

半径和直径标注可以标注圆弧或圆的半径及直径，圆弧两个端点与圆心点的夹角大于等于180°时用直径标注，小于180°时用半径标注，圆用直径标注。

调用命令的方法如下。

- 菜单命令："标注"→"半径"/"直径"。
- "注释"选项卡："标注"面板→ ◯/ ◯（在"标注"列表内）按钮。
- 命令：dra（dimradius）/ ddi（dimdiameter）+空格键。

半径、直径标注的具体操作步骤如下：

原始文件：Sample \原始文件\ch07\半径、直径标注.dwg

最终文件：Sample \结果文件\ch07\半径、直径标注.dwg

Step 01 打开文件，如图 7-48 所示。

图 7-48

Step 02 调用"直径"标注命令，选择要标注的圆弧，如图 7-49 所示。

图 7-49

Step 03 在绘图窗口中指定尺寸线位置，结果如图 7-50 所示。

图 7-50

Step 04 调用"半径"标注命令，在绘图窗口中选择要进行标注的圆弧，如图 7-51 所示。

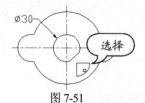

图 7-51

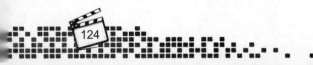

Step 05 在绘图窗口中指定尺寸线的位置，结果如图 7-52 所示。

图 7-52

7.3.2　弧长标注

使用弧长标注可以测量出圆弧的周长并标注出来。弧长标注会在尺寸前面或上方显示弧长标注符号。

调用命令的方法如下。

● 菜单命令："标注"→"弧长"。

● "注释"选项卡："标注"面板→ （在"标注"列表内）按钮。

● 命令：dar（dimarc）+空格键。

弧长标注的具体操作步骤如下：

原始文件：Sample \原始文件\ch07\弧长标注.dwg

最终文件：Sample \结果文件\ch07\弧长标注.dwg

Step 01 打开文件，如图 7-53 所示。

Step 02 调用"弧长"标注命令，在绘图窗口中选择要标注的圆弧，如图 7-54 所示。

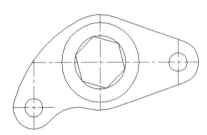

图 7-53

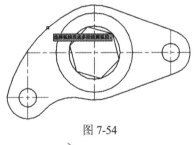

图 7-54

Step 03 移动鼠标在绘图窗口中指定一点为弧长标注的放置点，程序自动标注出圆弧的长度，并在尺寸前面显示弧长符号，如图 7-55 所示。

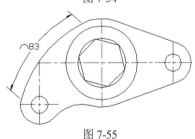

图 7-55

7.3.3　折弯标注

当圆弧或圆的中心位于布局之外，并且无法在其实际位置显示时，可创建折弯标注。在替代位置指定标注原点，即中心位置替代。

调用命令的方法如下。

- 菜单命令："标注" → "折弯"。
- "注释"选项卡："标注"面板→ <svg><path/></svg> （在"标注"列表内）按钮。
- 命令：djo（dimjogged）+空格键。

折弯标注的具体操作步骤如下：

原始文件：Sample \原始文件\ch07\折弯标注.dwg
最终文件：Sample \结果文件\ch07\折弯标注.dwg

Step 01 打开文件，如图 7-56 所示。

Step 02 调用"折弯"标注命令，在图形上选择圆弧，如图 7-57 所示。

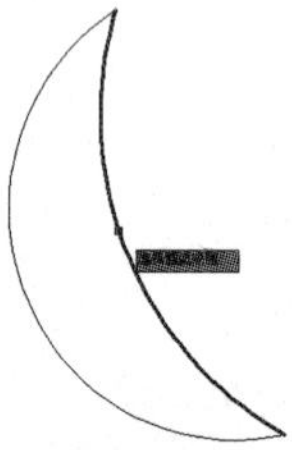

图 7-56

图 7-57

Step 03 在适当位置单击，指定折弯线的开始位置，如图 7-58 所示。

Step 04 从单击的位置延伸出折弯线，移动鼠标，确定折弯标注的尺寸线的方向，如图 7-59 所示。

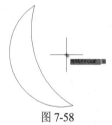

图 7-58

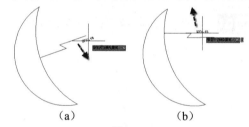

（a）   （b）

图 7-59

Step 05 确定折弯方向后单击，然后继续移动鼠标确定折弯在折弯线上的位置，如图 7-60 所示。

Step 06 确定后单击，即可在指定位置创建出一个折弯标注，效果如图 7-61 所示。

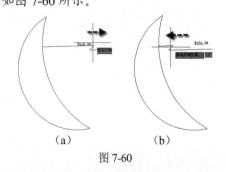

（a）   （b）

图 7-60

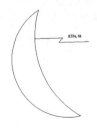

图 7-61

7.3.4 角度标注

角度标注用于测量两条直线或 3 个点之间的角度。

调用命令的方法如下。

- 菜单命令："标注"→"角度"。
- "注释"选项卡："标注"面板→△（在"标注"列表内）按钮。
- 命令：dan（dimangular）+空格键。

角度标注的具体操作步骤如下：

原始文件：Sample \原始文件\ch07\角度标注.dwg
最终文件：Sample \结果文件\ch07\角度标注.dwg

Step 01　打开文件，如图 7-62 所示。　　**Step 02**　调用"角度"标注命令，在绘图窗口中选择第一条直线，如图 7-63 所示。

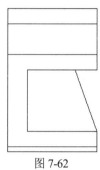

图 7-62

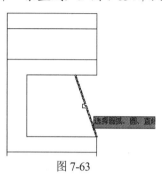

图 7-63

Step 03　然后选择第二条直线，如图 7-64 所示。　　**Step 04**　移动光标，指定角度标注的位置，完成后效果如图 7-65 所示。

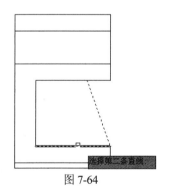

图 7-64

图 7-65

提示：如何标注大于 180°的角

　　调用"角度"标注命令后直接按【Enter】键，然后选择要标注角的顶点，再选择两条边上的点，最后将标注弧线放置到合适的位置即可。

7.4　特殊标注

　　在尺寸标注时除了常用的标注方法外还有一些特殊的标注方法，如坐标标注、多重引线标注、尺寸公差标注等。

7.4.1 坐标标注

坐标标注用于测量原点（基准）到特征（如零件上的一个孔）的垂直距离。

调用命令的方法如下。

● 菜单命令："标注"→"坐标"。

● "注释"选项卡："标注"面板→ 按钮（在"标注"列表内）按钮。

● 命令：dor（dimordinate）+空格键。

坐标标注的具体操作步骤如下：

原始文件：Sample \原始文件\ch07\坐标标注.dwg

最终文件：Sample \结果文件\ch07\坐标标注.dwg

Step 01 打开文件，如图 7-66 所示。

Step 02 选择坐标系，使其变成夹点状态，单击其原点，将坐标原点移动到如图 7-67 所示的位置。下面的标注将以该点为基准进行。

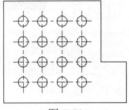

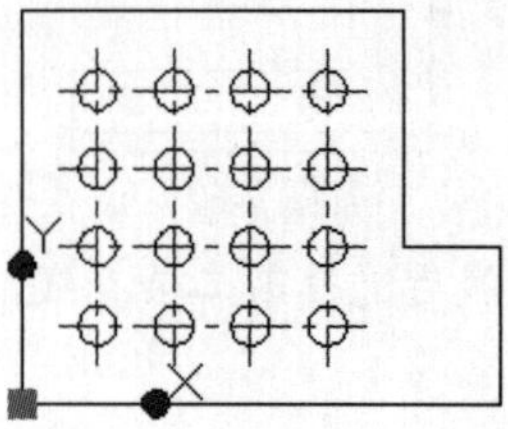

图 7-66

图 7-67

Step 03 调用"坐标"标注命令，在绘图窗口中指定坐标标注的点，如图 7-68 所示。

Step 04 然后拖动鼠标指定标注放置的位置，单击确定，效果如图 7-69 所示。

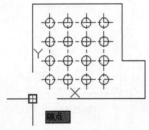

图 7-68

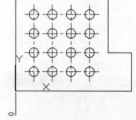

图 7-69

Step 05 重复坐标标注，标出其他点的坐标标注，如图 7-70 所示。

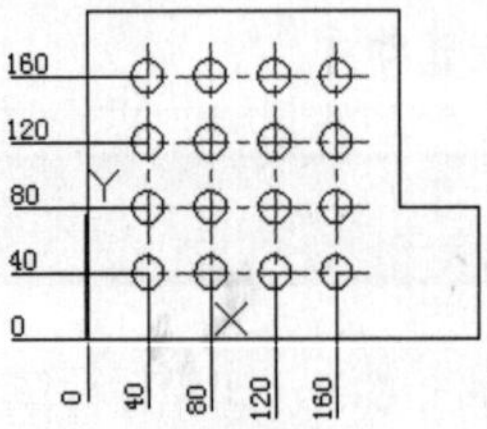

Step 06 选择坐标系，把坐标系移开之后，结果如图 7-71 所示。

图 7-70

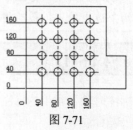

图 7-71

提示：坐标标注

　　坐标标注前一定要将坐标系的原点移动到图形上作为标注基准点的位置，标注
完成后可以将坐标系移动到其他位置。

7.4.2　多重引线标注

　　多重引线常常用来引出说明图形的内容，它包含一条引线和一个说明。在使用"多重引线"标注图形时，可以先指定多重引线箭头位置，也可以在命令窗口中设置引线基线优先或内容优先。

> 命令：MLEADER
> 指定引线箭头的位置或 [引线基线优先(L)/内容优先(C)/选项(O)] <选项>:

　　引线基线优先需先指定基线的位置，内容优先需先指定文字或块的位置。

　　调用命令的方法如下。

- 菜单命令："标注" → "多重引线"。
- "注释"选项卡："引线"面板→ 按钮。
- 命令：mld（mleader）+空格键。

　　多重引线标注的具体操作步骤如下：

　　原始文件：Sample \原始文件\ch07\多重引线标注.dwg
　　最终文件：Sample \结果文件\ch07\多重引线标注.dwg

Step 01　打开文件，如图 7-72 所示。

Step 02　调用"多重引线"命令，在绘图窗口中指定一个点作为多重引线箭头的位置，如图 7-73 所示。

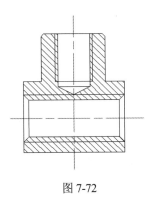

图 7-72

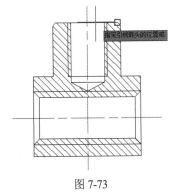

图 7-73

Step 03　移动光标将出现箭头，然后再指定一个点进入文字输入状态，如图 7-74 所示。

Step 04　输入要添加注释的文字，如图 7-75 所示。

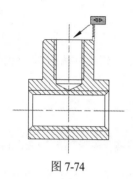

图 7-74

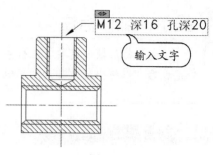

图 7-75

Step 05 输入文字后在空白区域单击，引线标注完成后，结果如图 7-76 所示。

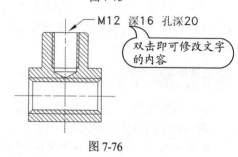

图 7-76

提示：多重引线标注样式管理器

通过"多重引线标注样式管理器"可以对多重引线样式进行设置。调用"多重引线样式管理器"的方法如下。

● 菜单命令："格式"→"多重引线样式"。

● "常用"选项卡："注释"面板的下拉按钮→ 按钮。

● 命令：mls（mleaderstyle）+空格键。

7.4.3 尺寸公差标注

尺寸公差是指在加工中零件尺寸允许的变动量。在基本尺寸相同的情况下，尺寸公差越小，则尺寸精度越高。尺寸公差的具体标注方法如下：

原始文件： Sample \原始文件\ch07\尺寸公差标注.dwg

最终文件： Sample \结果文件\ch07\尺寸公差标注.dwg

Step 01 打开随书光盘原始文件，如图 7-77 所示。

Step 02 双击尺寸标注，此时文字处于编辑状态，如图 7-78 所示。

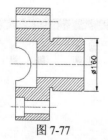

图 7-77

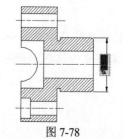

图 7-78

Step 03 然后在文字框中输入尺寸公差 "+0.02^-0.01"（公差必须带有"^"符号），如图 7-79 所示。

Step 04 文字输入好后，选中刚输入的尺寸公差，然后右击，在弹出的快捷菜单中选择"堆叠"命令，或者在"文字"面板的"格式"内选择"堆叠"，如图 7-80 所示。

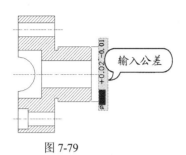

图 7-79

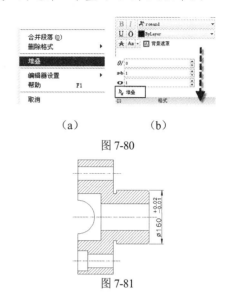

（a）　　　　　　（b）

图 7-80

Step 05 回到绘图窗口中可以看到尺寸公差处于编辑状态，在空白处单击即可完成尺寸公差的标注，结果如图 7-81 所示。

图 7-81

7.4.4 形位公差标注

形位公差就是零件形状和位置上的公差，它的值用来表示特征的形状、轮廓、方向、位置和跳动允许的偏差范围。

调用命令的方法如下。

- 菜单命令："标注"→"形位公差"。
- "注释"选项卡："标注"面板下拉列表→按钮。
- 命令：tol（tolerance）+空格键。

标注形位公差的具体操作步骤如下：

原始文件： Sample \原始文件\ch07\形位公差标注.dwg
最终文件： Sample \结果文件\ch07\形位公差标注.dwg

Step 01 打开随书光盘原始文件，如图 7-82 所示。

Step 02 调用"形位公差"命令，在弹出的"形位公差"对话框中单击"符号"下面的黑色方块，如图 7-83 所示。

图 7-82

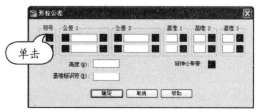

图 7-83

Step 03 在弹出的"特征符号"对话框中选择 ═ 符号，如图 7-84 所示。

Step 04 在"形位公差"对话框中分别输入公差值和基准符号，然后单击"确定"按钮，如图 7-85 所示。

图 7-84

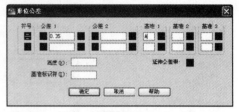

图 7-85

Step 05 在绘图窗口中指定一个点作为形位公差的放置点，如图 7-86 所示。

Step 06 形位公差标注放置好之后，可以根据情况添加形位公差指引线，如图 7-87 所示。

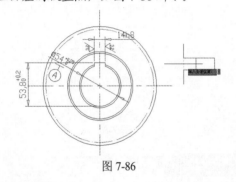

图 7-86

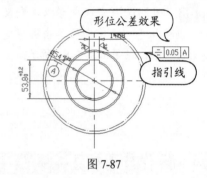

图 7-87

7.5 实例练习：给蜗轮添加尺寸标注

本例以给蜗轮添加尺寸标注为例，加深各种尺寸标注命令的应用，完成后的效果如图 7-88 所示。

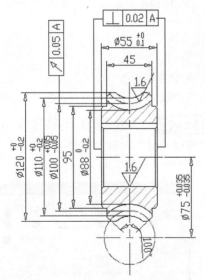

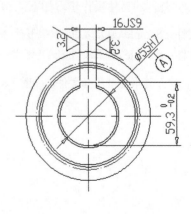

图 7-88

原始文件： Sample \原始文件\ch07\蜗轮.dwg
最终文件： Sample \结果文件\ch07\蜗轮.dwg

7.5.1　给主视图添加线性标注

本节首先给主视图添加线性标注，并通过编辑给线性标注添加直径符号（关于添加特殊符号参考 6.3.3 节相关内容）和尺寸公差。具体操作步骤如下：

Step 01　打开随书光盘原始文件，如图 7-89 所示。

Step 02　在命令行输入 multiple 并按空格键，然后再输入 dli 命令给主视图添加线性标注，完成后按【Esc】键退出，效果如图 7-90 所示。

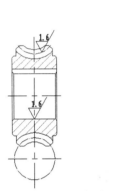
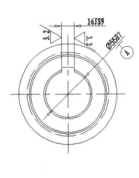

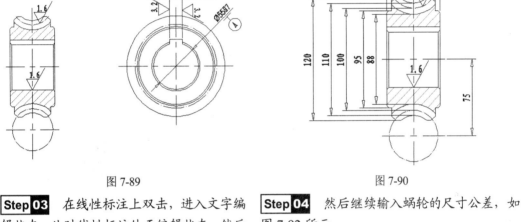

图 7-89　　　　　　　　　　　　　　图 7-90

Step 03　在线性标注上双击，进入文字编辑状态，此时线性标注处于编辑状态，然后输入%%C，程序会自动变成 φ，如图 7-91 所示。

Step 04　然后继续输入蜗轮的尺寸公差，如图 7-92 所示。

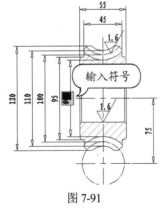
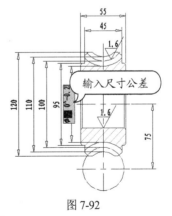

图 7-91　　　　　　　　　　　　　　图 7-92

Step 05　尺寸公差输入好后，选中刚输入的公差值，然后右击，在弹出的快捷菜单中选择"堆叠"命令，结果如图 7-93 所示。

Step 06　其他的线性标注也按照此方法进行修改，修改好后在空白区域单击，结果如图 7-94 所示。

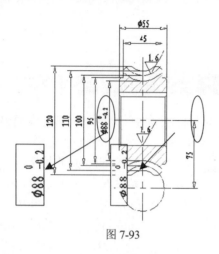

图 7-93

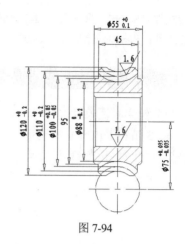

图 7-94

7.5.2 给主视图添加形位公差与角度标注

添加完线性标注和尺寸公差后，本节来给主视图添加形位公差。具体操作步骤如下：

Step 01 在命令行输入 tol 并按空格键，在弹出的"形位公差"对话框中单击"符号"方块，如图 7-95 所示。

Step 02 在弹出的"特征符号"对话框中选择 符号，如图 7-96 所示。

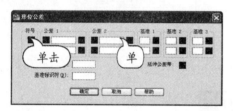

图 7-95

图 7-96

Step 03 回到"形位公差"对话框，分别输入公差值和基准符号，然后单击"确定"按钮，如图 7-97 所示。

Step 04 在绘图窗口中指定一个点为形位公差的放置点，如图 7-98 所示。

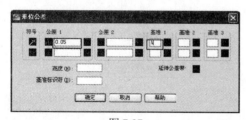

图 7-97

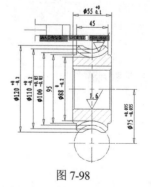

图 7-98

Step 05 程序自动创建出形位公差，然后在命令行输入 ro（旋转）命令，把形位公差旋转到合适的位置，如图 7-99 所示。

Step 06 在命令行输入 l（直线）命令，把形位公差指定到相应的位置，如图 7-100 所示。

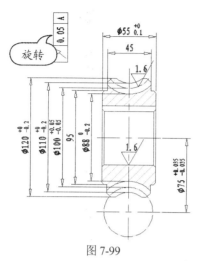

图 7-99

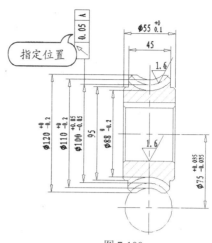

图 7-100

Step 07 重复步骤 1～2，选择"⊥"符号，如图 7-101 所示。

Step 08 回到"形位公差"对话框，分别输入公差值和基准符号，然后单击"确定"按钮，如图 7-102 所示。

图 7-101

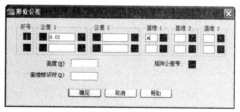

图 7-102

Step 09 重复步骤 4 和 6，将创建的形位公差放置到图中合适的位置，并给形位公差添加指引线，结果如图 7-103 所示。

Step 10 在命令行输入 dan 并按空格键添加角度标注，在绘图窗口中选择第一条直线，如图 7-104 所示。

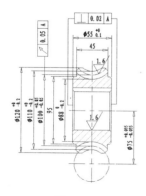

图 7-103

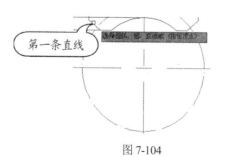

图 7-104

Step 11 再选择第二条直线，如图 7-105 所示。

Step 12 在绘图窗口中指定标注弧线位置，如图 7-106 所示。

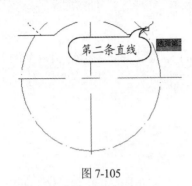

图 7-105

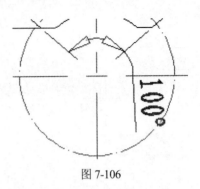

图 7-106

7.5.3 给左视图添加标注

主视图标注完成后，接下来给左视图添加标注。具体操作步骤如下：

Step 01 在命令行输入 dli 并按空格键给图形添加线性尺寸标注，然后指定第一个尺寸界线的原点，如图 7-107 所示。

Step 02 再指定第二个尺寸界线的原点，如图 7-108 所示。

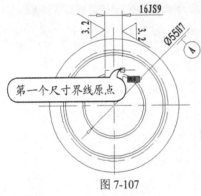

图 7-107

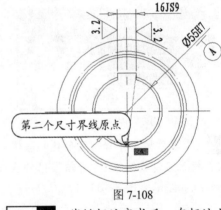

图 7-108

Step 03 然后给尺寸线指定一个合适的位置，如图 7-109 所示。

Step 04 线性标注完成后，在标注上双击，此时尺寸为编辑状态，在尺寸的后面输入尺寸公差值 "0^-0.2"，如图 7-110 所示。

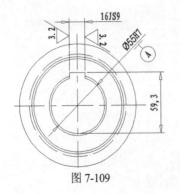

图 7-109

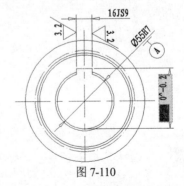

图 7-110

Step 05　尺寸公差输入好后，选中尺寸公差
并右击，在弹出的快捷菜单中选择 "堆叠" 命
令，如图 7-111 所示。尺寸修改好后在空白区
域单击退出编辑，最终结果如图 7-88 所示。

图 7-111

第 **8** 章
图块与信息查询

图块是指一个或多个对象组成的整体，即图块是一个单一的对象。利用块可以减少绘图时间，还可以节约存储空间，便于修改图形。

通常情况下，图形中对象的属性是不可见的，通过查询功能可以查询图形的属性。

视频文件：光盘\视频演示\CH08
视频时间：12 分钟

8.1 块的创建

在机械绘图中可以将常用的标准件，如螺钉、螺母等制作成块，便于插入块对象；在建筑设计中可以将各种花卉、床、沙发、餐桌等创建成块。

8.1.1 创建局部块

所谓局部块就是创建的块只能插入到当前图形中，不能插入到其他图形中。

调用命令的方法如下。

- 菜单命令："绘图"→"块"→"创建"。
- "插入"选项卡："块"面板→"创建"按钮 （与"写块"在同一列表内）。
- 命令：b（block）+空格键。

创建局部块的具体操作步骤如下：

原始文件： Sample \原始文件\ch08\创建局部块.dwg
最终文件： Sample \结果文件\ch08\创建局部块.dwg

Step 01 打开文件，然后将图层切换到"0层"上，如图 8-1 所示。

Step 02 在命令行输入 b 并按空格键，在弹出的"块定义"对话框中输入块的名称，然后选择"对象"选项区域中的"转换为块"单选按钮，如图 8-2 所示。

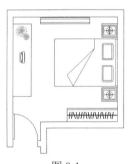

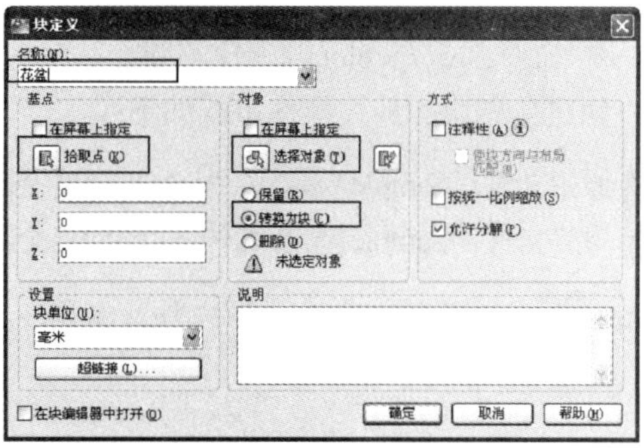

图 8-1

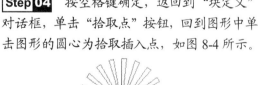

图 8-2

Step 03 在"块定义"对话框中单击"选择对象"按钮，在绘图窗口中选择要创建块的对象，如图 8-3 所示。

Step 04 按空格键确定，返回到"块定义"对话框，单击"拾取点"按钮，回到图形中单击图形的圆心为拾取插入点，如图 8-4 所示。

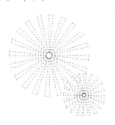

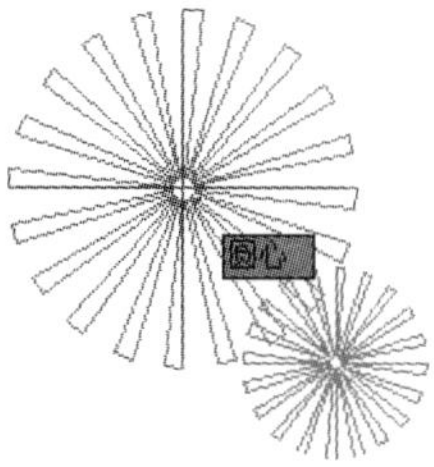

图 8-3

图 8-4

Step 05 单击确定插入点之后，返回"块定义"对话框，单击"确定"按钮。这时回到绘图框内，把鼠标放在块的图形上会显示"块参照"，如图 8-5 所示。要使用该块的话，可以在 8.1.3 节讲到的"插入块"中提取。

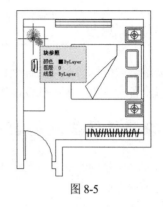

图 8-5

提示：为什么要在"0"图层上建块

一般在"0 层"上创建块，这样创建的块以后插入时图块将继承当前层的属性，使得图形整洁、不凌乱。

8.1.2 创建全局块（写块）

创建全局块是将选定的对象保存为指定的图形文件。全局块不仅可以在当前图形中使用，还可以插入到其他图形文件中。

调用命令的方法如下。

- "插入"选项卡："块"面板→"写块"按钮（与"创建块"在同一列表内）。
- 命令：w（wblock）+空格键。

创建全局块的具体操作步骤如下：

原始文件：Sample \原始文件\ch08\创建全局块.dwg
最终文件：Sample \结果文件\ch08\创建全局块.dwg

Step 01 打开随书光盘原始文件，如图 8-6 所示。

Step 02 在命令行输入 W 并按空格键，弹出"写块"对话框，如图 8-7 所示。

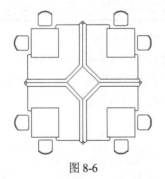

图 8-6

图 8-7

Step 03 单击"写块"对话框内"选择对象"前面的按钮，在绘图窗口中选择对象，按空格键确定，如图 8-8 所示。

Step 04 确定后返回到"写块"对话框，单击"拾取点"按钮，回到图形中单击图形的中心点为插入基点，如图 8-9 所示。

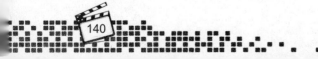

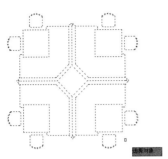

图 8-8

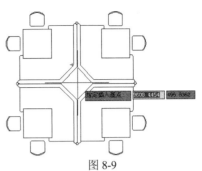

图 8-9

Step 05　确定插入基点后返回到"写块"对话框，在"文件名和路径"下拉列表中设置图形文件的保存路径，如图 8-10 所示。

图 8-10

8.1.3　插　入　块

通过插入命令，可以将创建的块插入到图形中。

调用命令的方法如下。

● 菜单命令："插入"→"块"。

● "常用"选项卡："块"面板→ 按钮。

● 命令：i（insert）+空格键。

插入块的具体操作步骤如下：

原始文件：Sample \原始文件\ch08\插入块.dwg

最终文件：Sample \结果文件\ch08\插入块.dwg

Step 01　打开随书光盘原始文件，如图 8-11 所示。

Step 02　在命令行输入 i 并按空格键，在"插入"对话框中找到创建的"花盆"图块，将旋转角度设置为 90，然后单击"确定"按钮，如图 8-12 所示。

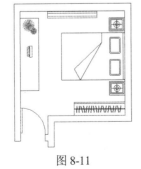

图 8-11

图 8-12

Step 03 最后把图块放置到绘图窗口中合适的位置，如图 8-13 所示。

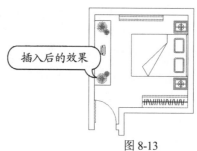

插入后的效果

图 8-13

提示：插入块时的比例

插入块时，如果 X 值的比例为负值，插入的块会沿 Y 轴镜像；如果 Y 值的比例为负值，插入的块会沿 X 轴镜像。

8.2 带属性的块

属性是将数据附着到块上的标签或标记。属性中的数据包括零件编号、价格、注释和物主的名称等。

8.2.1 创建带属性的块

要创建带属性的块，首先要创建包含属性特征的属性定义，然后运用前面介绍的创建块的方法将属性和对象一起创建成块即可。

调用命令的方法如下。

● 菜单命令："绘图" → "块" → "定义属性"。
● "常用"选项卡："块"面板下拉菜单→ "属性定义"按钮 。
● 命令：att（attdef）+空格键。

创建带属性的块的具体操作步骤如下：

原始文件：Sample \原始文件\ch08\创建带属性的块.dwg
最终文件：Sample \结果文件\ch08\创建带属性的块.dwg

Step 01 打开随书光盘原始文件，如图 8-14 所示。

Step 02 在命令行输入 att 并按空格键，在弹出的"属性定义"对话框的"属性"选项区域中输入相应的内容，如图 8-15 所示。

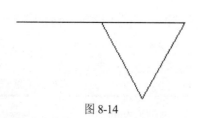

图 8-14

图 8-15

Step 03 单击确定后将创建的属性放置到对象上合适的位置,如图 8-16 所示。

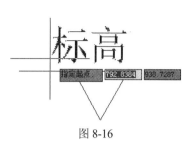

图 8-16

Step 04 确定好位置之后,在命令行输入 b 并按空格键,弹出 "块定义" 对话框,选择图形和文字为块对象,如图 8-17 所示。

图 8-17

Step 05 块创建完成后,调用 "插入" 命令,在弹出的 "插入" 对话框中选择刚创建的标高图块,并设置插入块的方式,如图 8-18 所示。

图 8-18

Step 06 单击 "确定" 按钮,在绘图窗口中指定插入块的位置,如图 8-19 所示。

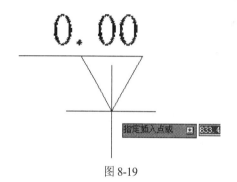

图 8-19

Step 07 单击确定好标高的位置以后,按照提示输入标高的值,如图 8-20 所示。

图 8-20

Step 08 按【Enter】键确定,最终效果如图 8-21 所示。

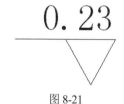

图 8-21

8.2.2 编辑带属性的块

在 AutoCAD 2013 中可以通过使用 "增强属性编辑器" 来修改块的属性。

调用命令的方法如下。

- 菜单命令: "修改" → "对象" → "属性" → "单个"。
- "常用" 选项卡: "块" 面板→ "编辑属性" 下拉菜单 。
- 命令: eattedit+空格键。
- 双击带属性的块。

编辑带属性的块的具体操作步骤如下：

原始文件：Sample \原始文件\ch08\编辑块属性.dwg
最终文件：Sample \结果文件\ch08\编辑块属性.dwg

Step 01 打开 8.2.1 节创建的带属性的块（标高为 0.23 的块），双击图块，在弹出的"增强属性编辑器"对话框中，输入新的值如"0.45"，如图 8-22 所示。

Step 02 单击"文字选项"选项卡，设置属性文字在图形中的显示方式和特性，其中包括文字样式、对正方式、文字高度、文字的旋转角度等，如图 8-23 所示。

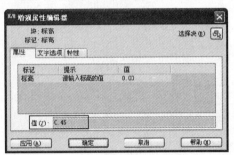

图 8-22

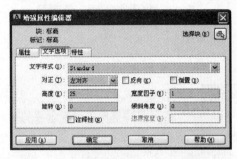

图 8-23

Step 03 单击"特性"选项卡，可以更改定义属性所在的图层、线宽、线型和颜色，如图 8-24 所示。

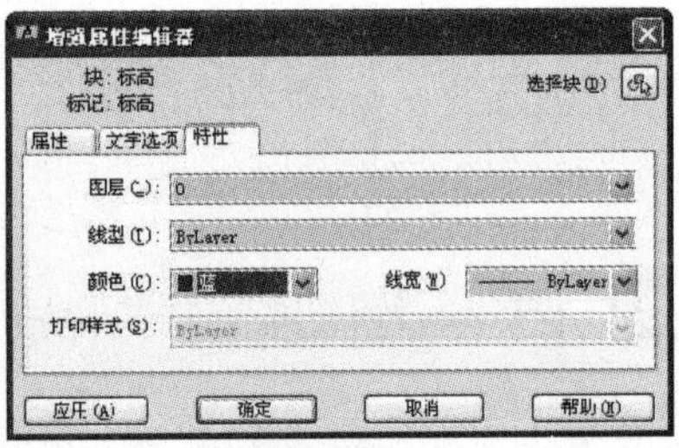

Step 04 最后先单击"应用"按钮，再单击"确定"按钮，完成的效果如图 8-25 所示。

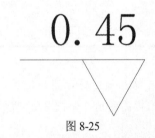

图 8-24

图 8-25

8.3 信息查询

在 AutoCAD 中图形的数据一般是不可见的，用户可以通过查询工具来查询图形的特性。常用的查询工具包括距离查询、半径查询、面积查询、体积查询、面域和质量特性查询等。

8.3.1 距离查询

距离查询是查询两个点之间的最短距离。在 AutoCAD 中如果图形没有标注尺寸，则可以使用该方法来查询图形的距离。

距离查询既可查询二维平面图中两个点之间的距离，也可查询三维模型上两个点之间的距离，只需指定两个点即可。

调用命令的方法如下。

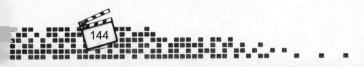

- 菜单命令："工具"→"查询"→"距离"。
- "常用"选项卡："实用工具"面板→"测量"下拉菜单。
- 命令：di（dist）+空格键。

距离查询的具体操作步骤如下：

原始文件：Sample \原始文件\ch08\距离查询.dwg
最终文件：无

Step 01 打开随书光盘原始文件，在命令行输入 di 并按空格键，在绘图窗口中指定查询距离的第一个点，如图 8-26 所示。

Step 02 接着指定查询距离的第二个点，如图 8-27 所示。

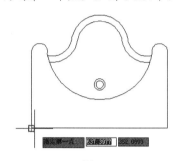

图 8-26

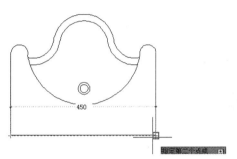

图 8-27

Step 03 程序自动计算出两个点之间的距离并显示出来，如图 8-28 所示。

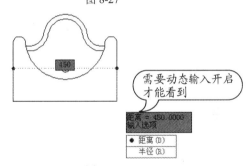

需要动态输入开启才能看到

图 8-28

8.3.2 坐标查询

除了测量图形对象的距离外，还可以在图形中查询点的坐标。

调用命令的方法如下。

- 菜单命令："工具"→"查询"→"点坐标"。
- "常用"选项卡：→"实用工具"面板上的下拉列表。
- 命令：id+空格键。

坐标查询的具体操作步骤如下：

原始文件：Sample \原始文件\ch08\点坐标查询.dwg
最终文件：无

Step 01 打开随书光盘原始文件，如图8-29所示。

Step 02 在命令行输入 id 并按空格键，在绘图窗口中指定一个点，即可显示该点的坐标值，如图8-30所示。

图 8-29

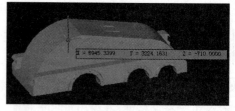

图 8-30

8.3.3 角度查询

角度查询可以测量两条直线之间的夹角的度数，或者查询圆弧所包含的角度。

调用命令的方法如下。

* 菜单命令："工具"→"查询"→"角度"。
* "常用"选项卡："实用工具"面板→"测量"下拉菜单 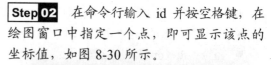。
* 命令：mea（measuregeom）+空格键（然后输入角度查询的选项）。

角度查询的具体操作步骤如下：

 原始文件：Sample \原始文件\ch08\角度查询.dwg

最终文件：无

Step 01 打开随书光盘原始文件，调用"角度"查询命令，然后在绘图窗口中指定夹角的两条直线，如图8-31所示。

Step 02 程序自动计算出两条直线之间的夹角，如图8-32所示。

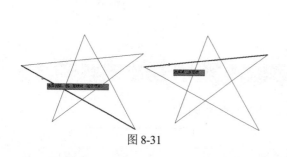

图 8-31

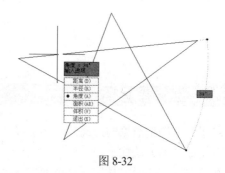

图 8-32

8.3.4 半径查询

半径查询可以查询图形中圆或圆弧的半径和直径。

调用命令的方法如下。

* 菜单命令："工具"→"查询"→"半径"。
* "常用"选项卡："实用工具"面板→"测量"下拉菜单。
* 命令：mea（measuregeom）+空格键（然后输入半径查询的选项）。

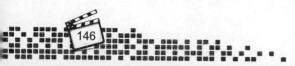

半径查询的具体操作步骤如下：

原始文件： Sample \原始文件\ch08\半径查询.dwg

最终文件： 无

Step 01　打开随书光盘原始文件，调用"半径"查询命令，然后在绘图窗口中选择一个圆，如图 8-33 所示。

Step 02　程序会自动计算该圆的半径和直径，如图 8-34 所示。

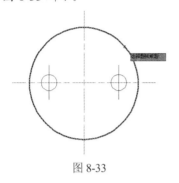

图 8-33

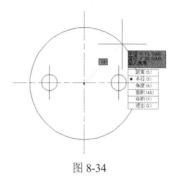

图 8-34

8.3.5　面积和周长查询

可以通过指定 3 个以上的点来确定面积查询的区域，也可以指定对象来查询面积，这个对象往往是圆、正多边形或者面域。

调用命令的方法如下。

- 菜单命令："工具"→"查询"→"面积"。
- "常用"选项卡："实用工具"面板→"测量"下拉菜单。
- 命令：aa（area）+空格键。

面积和周长查询的具体操作步骤如下：

原始文件： Sample \原始文件\ch08\面积和周长查询.dwg

最终文件： 无

Step 01　打开随书光盘原始文件，在命令行输入 aa 并按空格键，在绘图窗口中指定第一个点，如图 8-35 所示。

Step 02　然后在绘图窗口中指定第二个点，如图 8-36 所示。

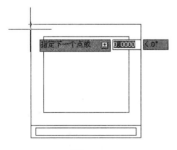

图 8-35

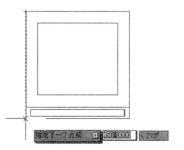

图 8-36

Step 03 继续选择下一个点，此时点与点之间的区域将以绿色显示，如图 8-37 所示。

Step 04 选择完成后按【Enter】键确定，程序自动计算出所选区域的面积，如图 8-38 所示。

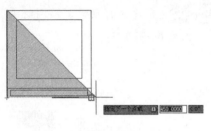

图 8-37

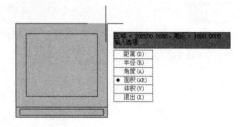

图 8-38

提示：不封闭图形和不规则图形面积的查询

在计算面积时，如果该对象不是封闭的，则系统在计算面积时认为该对象的第一点和最后一点间通过直线进行封闭。

对于不规则图形，在查询前可以先将图形创建成面域，然后在命令行提示指定第一个角点时输入 O（对象），接着选择面域即可查询面积和周长。

8.3.6　体积查询

体积查询是面积查询的延伸，在面积查询的基础上指定高度即可查询体积。体积查询主要用于三维模型的查询。

调用命令的方法如下。

● 菜单命令："工具"→"查询"→"体积"。

● "常用"选项卡："实用工具"面板→"测量"下拉菜单。

● 命令：mea（measuregeom）+空格键。

体积查询的具体操作步骤如下：

原始文件：Sample \原始文件\ch08\体积查询.dwg

最终文件：无

Step 01 打开随书光盘原始文件，调用"体积"查询命令，在绘图窗口中指定第一个点，如图 8-39 所示。

Step 02 依次在绘图窗口中指定底面面积上的其余点，如图 8-40 所示。

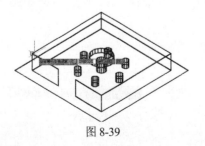

图 8-39

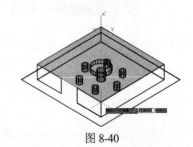

图 8-40

Step 03 结束最后一个点之后按空格键确定，然后直接下拉鼠标，单击底部的角点确定高度，如图 8-41 所示。

Step 04 按【Enter】键，程序自动查询出所选对象的体积，如图 8-42 所示。

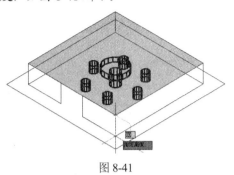

图 8-41

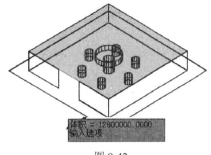

图 8-42

8.3.7 面域/质量特性查询

面域/质量特性查询可以查询对象的体积、质量、边界框、质心、惯性矩等相关信息，还可以将质量特性进行保存等操作。

调用命令的方法如下。

- 菜单命令："工具"→"查询"→"面域/质量特性"。
- 命令：massprop+空格键。

面域/质量特性查询的具体操作步骤如下：

原始文件： Sample \原始文件\ch08\面域、质量特性查询.dwg
最终文件： Sample \结果文件\ch08\面域、质量特性查询.mpr

Step 01 打开随书光盘原始文件，调用"面域/质量特性"命令，在绘图窗口中选择要进行查询的对象，如图 8-43 所示。

Step 02 选择完成后按空格键确定，程序自动计算出所选对象的当前特性值，如图 8-44 所示。

图 8-43

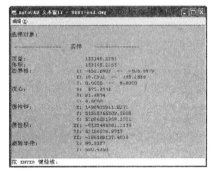

图 8-44

Step 03 按【Enter】键继续显示查询的内容。最后根据提示输入 Y 确定写入分析结果，如图 8-45 所示。

Step 04 在弹出的"创建质量与面积特性文件"对话框中指定文件的路径和名称，然后单击"保存"按钮，如图 8-46 所示。

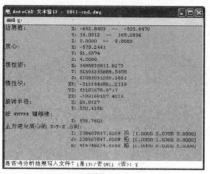

| 图 8-45 | 图 8-46 |

8.4 实例练习：测量并创建和插入图块

本例通过查询命令来测量门洞的大小以及房屋的面积，根据门洞的大小创建出门图块，并将创建的门图块插入到相应的门洞中，完成后效果如图 8-47 所示。

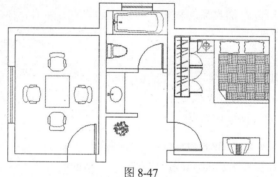

图 8-47

原始文件：Sample\原始文件\ch08\测量并创建和插入图块.dwg

最终文件：Sample\结果文件\ch08\测量并创建和插入图块.dwg

8.4.1 测量门洞的大小和房间的面积

本节通过查询命令来测量门洞的大小和各房间的面积，具体操作步骤如下：

Step 01 打开随书光盘原始文件，如图 8-48 所示。

Step 02 在命令行输入 di 并按空格键，根据提示查询门洞的尺寸，查询结果如图 8-49 所示。

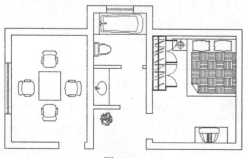

图 8-48

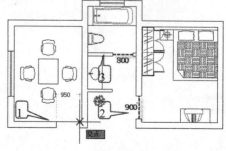

图 8-49

Step 03 在命令行输入 aa 并空格键，根据提示，依次选择图中房间的 4 个角点，如图 8-50 所示。

Step 04 按【Enter】键即可计算出房间的面积。重复步骤 3，查询另一个房间的面积，面积查询结果如图 8-51 所示。

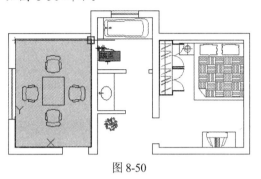

图 8-50

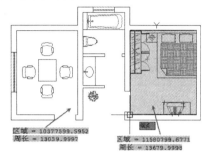

图 8-51

8.4.2　创建并插入门图块

　　根据 8.4.1 节测量的门洞距离创建一个门图块，然后将它插入到各个门洞中，具体操作步骤如下：

Step 01 在命令行输入 rec 并按空格键，绘制一个 1 000×50 的矩形，如图 8-52 所示。

Step 02 在命令行输入 c 并按空格键，绘制一个以矩形右下端点为圆心、半径为 1 000 的圆，如图 8-53 所示。

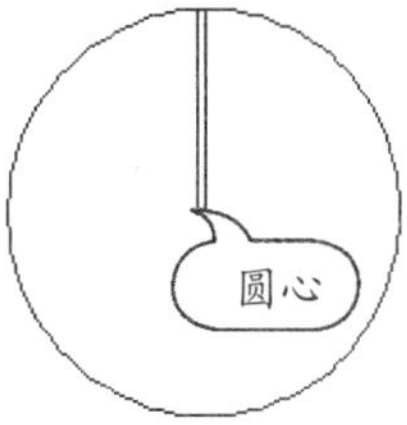

图 8-52

图 8-53

Step 03 在命令行输入 l 并按空格键，绘制一条直线，如图 8-54 所示。

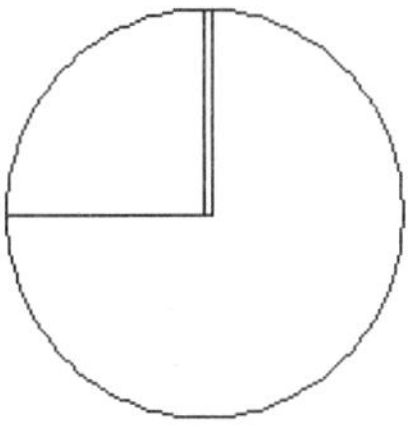

Step 04 在命令行输入 tr 并按空格键，对图形进行修剪，结果如图 8-55 所示。

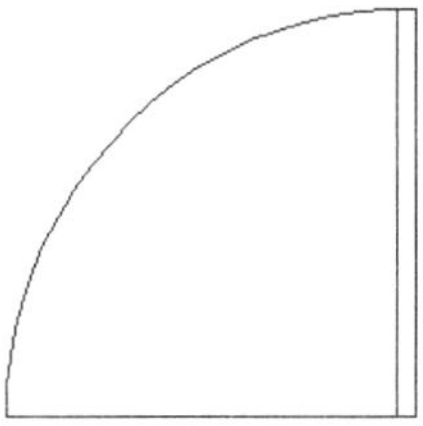

图 8-54

图 8-55

Step 05 在命令行输入 b 并按空格键，弹出"块定义"对话框，选择步骤 4 绘制好的门为创建对象，并选择"删除"单选按钮，以矩形右下角的端点为插入点，如图 8-56 所示。

Step 06 "门"图块创建完成后，在命令行输入 i 并按空格键，弹出"插入"对话框，根据 8.4.1 节测得 1 号门洞的距离为 950，则门块比例缩小为 0.95（绘制的门长为 1 000），具体设置如图 8-57 所示。

图 8-56

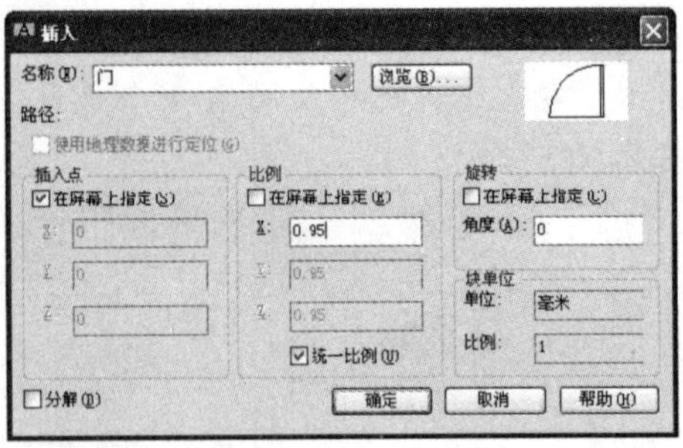

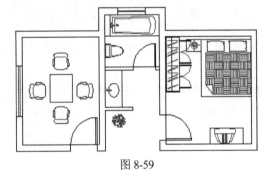

图 8-57

Step 07 确定插入块的设置以后，选择与门相接的墙点，把门块出入至 1 号门洞，如图 8-58 所示。

Step 08 重复步骤 6～7，将门图块的比例缩放为 0.9、旋转角度设置为-90° 后插入到 2 号门洞处。将门图块的比例缩放为 0.8 后插入到 3 号门洞处，结果如图 8-59 所示。

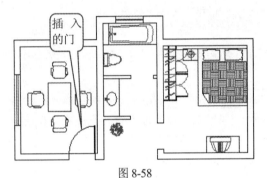

图 8-58

图 8-59

第 9 章
约束

参数化设计可分为两种：几何约束和标注约束。几何约束用于控制对象相对于彼此的关系。标注约束用于控制对象的距离、长度、角度和半径值。通过约束可以保持图形的设计规范和要求，通过修改变量值可以快速对其进行修改。

视频文件：光盘\视频演示\CH09
视频时间：9 分钟

9.1 几何约束

几何约束确定了二维几何对象之间或对象上每个点之间的关系，用户可以指定二维对象或对象上的点之间的几何约束。

提示：几何约束注意事项

几何约束不能修改，但可以删除。在很多情况下几何约束的效果与选择对象的顺序有关，通常所选的第二个对象会根据第一个对象进行调整。例如，应用垂直约束时，选择的第二个对象将调整为垂直于第一个对象。

9.1.1 水平约束

水平约束是约束一条直线、一对点、多段线线段、文字、椭圆的长轴或短轴，使其与当前坐标系的 X 轴平行。如果选择的是一对点，则第二个选定点将设置为与第一个选定点水平。

命令调用方法如下。

- 菜单命令："参数"→"几何约束"→"水平"。
- "参数化"选项卡→"几何"面板→ 按钮。

水平约束的具体操作步骤如下：

原始文件：Sample\原始文件\ch09\水平约束.dwg

最终文件：Sample\结果文件\ch09\水平约束.dwg

Step 01 打开随书光盘原始文件，如图 9-1 所示。

Step 02 调用"水平"约束命令，然后在绘图窗口中选择对象，如图 9-2 所示。

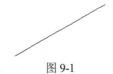

图 9-1

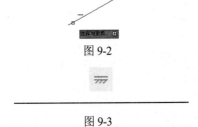

图 9-2

Step 03 程序会自动生成一条水平约束直线，如图 9-3 所示。

$$\overline{\overline{}}$$

图 9-3

9.1.2 竖直约束

竖直约束是约束一条直线、一对点、多段线线段、文字、椭圆的长轴或短轴，使其与当前坐标系的 Y 轴平行。如果选择一对点，则第二个选定点将设置为与第一个选定点垂直。

命令调用方法如下。

- 菜单命令："参数"→"几何约束"→"竖直"。
- "参数化"选项卡→"几何"面板→ 按钮。

竖直约束的具体操作步骤如下：

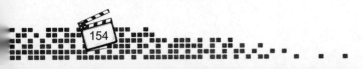

原始文件：Sample\原始文件\ch09\竖直约束.dwg

最终文件：Sample\结果文件\ch09\竖直约束.dwg

Step 01 打开随书光盘原始文件，如图 9-4 所示。

图 9-4

Step 03 程序会自动生成一条竖直约束直线，如图 9-6 所示。

Step 02 调用"竖直"约束命令，然后在绘图窗口中选择对象，如图 9-5 所示。

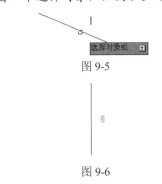

图 9-5

图 9-6

9.1.3 垂直约束

垂直约束是约束两条直线或多段线线段，使其夹角始终保持为 90°，第二个选定对象将设为与第一个对象垂直，约束的两条直线无须相交。

命令调用方法如下。

● 菜单命令："参数"→"几何约束"→"垂直"。

● "参数化"选项卡→"几何"面板→⊻ 按钮。

垂直约束的具体操作步骤如下：

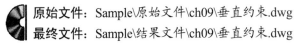

原始文件：Sample\原始文件\ch09\垂直约束.dwg

最终文件：Sample\结果文件\ch09\垂直约束.dwg

Step 01 打开随书光盘原始文件，如图 9-7 所示。

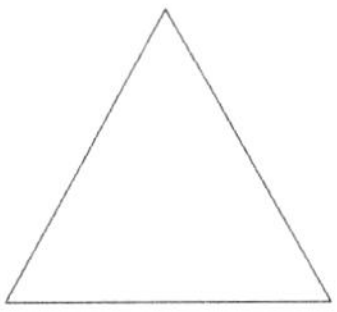

Step 02 调用"垂直"约束命令，然后在绘图窗口中选择第一个对象，如图 9-8 所示。

图 9-7

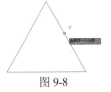

图 9-8

Step 03 然后选择第二个对象，如图 9-9 所示。

Step 04 程序会自动将选取的对象生成一个垂直约束图形，如图 9-10 所示。

图 9-9

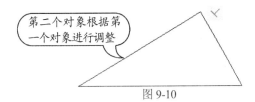

第二个对象根据第一个对象进行调整

图 9-10

提示：垂直约束的使用条件

两条直线中有以下任意一种情况是不能被垂直约束：两条直线同时受水平约束；两条直线同时受竖直约束；两条共线的直线。

9.1.4　平行约束

平行约束是约束两条直线，使其具有相同的角度，第二个选定对象将根据第一个对象进行调整。命令调用方法如下。

- 菜单命令："参数"→"几何约束"→"平行"。
- "参数化"选项卡→"几何"面板→ ∥ 按钮。

平行约束的具体操作步骤如下：

原始文件：Sample\原始文件\ch09\平行约束.dwg
最终文件：Sample\结果文件\ch09\平行约束.dwg

Step 01　打开随书光盘原始文件，如图9-11所示。

Step 02　调用"平行"约束命令，在绘图窗口中选择第一个对象，如图9-12所示。

图9-11

图9-12

Step 03　然后选择第二个对象，如图9-13所示。

Step 04　程序会自动将选取的对象生成一个平行约束图形，如图9-14所示。

图9-13

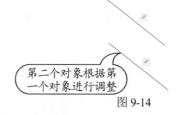
图9-14

9.1.5　相切约束

相切约束是约束两条曲线，使其彼此相切或其延长线彼此相切。
命令调用方法如下。

- 菜单命令："参数"→"几何约束"→"相切"。
- "参数化"选项卡→"几何"面板→ 按钮。

相切约束的具体操作步骤如下：

原始文件：Sample\原始文件\ch09\相切约束.dwg
最终文件：Sample\结果文件\ch09\相切约束.dwg

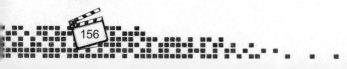

Step 01 打开随书光盘原始文件，如图 9-15 所示。

Step 02 调用"相切"约束命令，然后在绘图窗口中选择第一个对象，如图 9-16 所示。

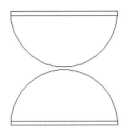

图 9-15

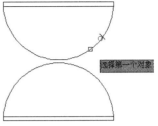

图 9-16

Step 03 然后选择第二个对象，如图 9-17 所示。

Step 04 程序会自动将选取的对象生成一个相切约束图形，如图 9-18 所示。

图 9-17

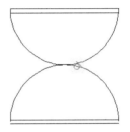

图 9-18

9.1.6 重合约束

重合约束是约束两个点使其重合，或者约束一个点使其位于对象或对象延长部分的任意位置。

命令调用方法如下。

- 菜单命令："参数"→"几何约束"→"重合"。
- "参数化"选项卡→"几何"面板→ 按钮。

重合约束的具体操作步骤如下：

 原始文件：Sample\原始文件\ch09\重合约束.dwg
最终文件：Sample\结果文件\ch09\重合约束.dwg

Step 01 打开随书光盘原始文件，如图 9-19 所示。

Step 02 调用"重合"约束命令，然后在绘图窗口中选择第一个点，如图 9-20 所示。

图 9-19

图 9-20

Step 03　接着在绘图窗口中选择第二个点，如图 9-21 所示。

Step 04　程序会自动将选取的对象生成一个重合约束图形，如图 9-22 所示。

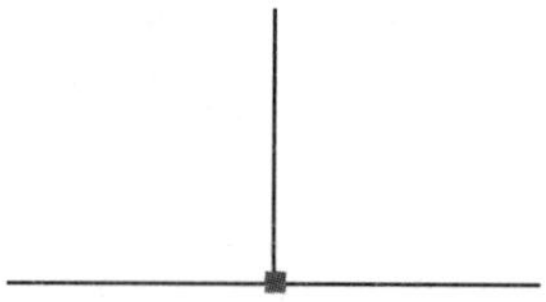

图 9-21

图 9-22

9.1.7　共线约束

共线约束能使两条直线位于同一条无限长的线上。第二条选定直线将设为与第一条直线共线。

命令调用方法如下。

● 菜单命令："参数"→"几何约束"→"共线"。
● "参数化"选项卡→"几何"面板→ 按钮。

共线约束的具体操作步骤如下：

原始文件：Sample\原始文件\ch09\共线约束.dwg
最终文件：Sample\结果文件\ch09\共线约束.dwg

Step 01　打开随书光盘原始文件，如图 9-23 所示。

Step 02　调用"共线"约束命令，然后在绘图窗口中选择第一个对象（长线段），如图 9-24 所示。

图 9-23

图 9-24

Step 03　接着在绘图窗口中选择第二个对象（短线段），如图 9-25 所示。

Step 04　程序会自动将选取的对象生成一个共线约束图形，如图 9-26 所示。

图 9-25

图 9-26

9.1.8　对称约束

对称约束是约束对象上的两条曲线或两个点，使其以选定直线为对称轴彼此对称。

命令调用方法如下。

● 菜单命令："参数"→"几何约束"→"对称"。

● "参数化"选项卡→"几何"面板→中 按钮。

对称约束的具体操作步骤如下：

原始文件：Sample\原始文件\ch09\对称约束.dwg
最终文件：Sample\结果文件\ch09\对称约束.dwg

Step 01 打开随书光盘原始文件，如图 9-27 所示。

Step 02 调用"对称"约束命令，然后在绘图窗口中选择第一个对象，如图 9-28 所示。

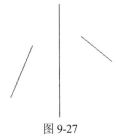

图 9-27

图 9-28

Step 03 接着在绘图窗口中选择第二个对象，如图 9-29 所示。

Step 04 最后选择对称直线，如图 9-30 所示。

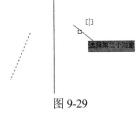

图 9-29

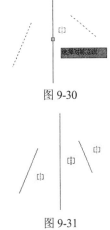

图 9-30

Step 05 程序会自动将选取的对象生成一个对称约束图形，如图 9-31 所示。

图 9-31

9.1.9 相等约束

相等约束可使受约束的两条直线或多段线具有相同长度。相等约束也可以约束圆弧或圆使其具有相同的半径值。

命令调用方法如下。

● 菜单命令："参数"→"几何约束"→"相等"。

● "参数化"选项卡→"几何"面板→ = 按钮。

相等约束的具体操作步骤如下：

原始文件：Sample\原始文件\ch09\相等约束.dwg
最终文件：Sample\结果文件\ch09\相等约束.dwg

Step 01 打开随书光盘原始文件,如图 9-32 所示。

图 9-32

Step 02 调用"相等"约束命令,然后在绘图窗口中选择第一个对象(大圆),如图 9-33 所示。

图 9-33

Step 03 接着在绘图窗口中选择第二个对象(小圆),如图 9-34 所示。

图 9-34

Step 04 程序会自动将选取的对象生成一个相等约束图形,如图 9-35 所示。

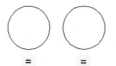

图 9-35

9.1.10 同心约束

同心约束是将选定的圆、圆弧或椭圆具有相同的圆心点。第二个选定对象将设为与第一个对象同心。

命令调用方法如下。

● 菜单命令:"参数"→"几何约束"→"同心"。
● "参数化"选项卡→"几何"面板→◎按钮。

同心约束的具体操作步骤如下:

原始文件:Sample\原始文件\ch09\同心约束.dwg
最终文件:Sample\结果文件\ch09\同心约束.dwg

Step 01 打开随书光盘原始文件,如图 9-36 所示。

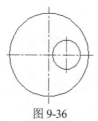

图 9-36

Step 02 调用"同心"约束命令,然后在绘图窗口中选择第一个对象,如图 9-37 所示。

图 9-37

Step 03 接着在绘图窗口中选择第二个对象,如图 9-38 所示。

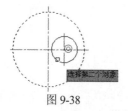

图 9-38

Step 04 程序会自动将选取的对象生成一个同心约束图形,如图 9-39 所示。

图 9-39

9.1.11 平滑约束

平滑约束是将一条样条曲线与其他样条曲线、直线、圆弧或多段线彼此相连接并保持 G2 连续（曲线与曲线在某一点处于相切连续状态，两条曲线在这一点曲率的向量如果相同，就说这两条曲线处于 G2 连续）。

命令调用方法如下。

● 菜单命令："参数"→"几何约束"→"平滑"。

● "参数化"选项卡→"几何"面板→ 按钮。

平滑约束的具体操作步骤如下：

 原始文件：Sample\原始文件\ch09\平滑约束.dwg
最终文件：Sample\结果文件\ch09\平滑约束.dwg

Step 01 打开随书光盘原始文件，如图 9-40 所示。

图 9-40

Step 02 调用"平滑"约束命令，然后在绘图窗口中选择样条曲线，如图 9-41 所示。

图 9-41

Step 03 接着在绘图窗口中选择直线，如图 9-42 所示。

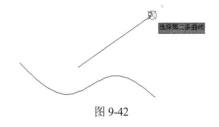

图 9-42

Step 04 程序会自动将选取的对象生成一个平滑约束图形，如图 9-43 所示。

图 9-43

 提示：平滑约束的使用条件

本例中应用平滑约束时，选定的第一个对象必须为样条曲线，第二个选定对象将设为与第一条样条曲线 G2 连续。应用了平滑约束的曲线的端点将设为重合。

9.1.12 固定约束

固定约束可以使一个点或一条曲线固定在相对于坐标系的特定位置和方向上。

命令调用方法如下。

● 菜单命令："参数"→"几何约束"→"固定约束"。

● "参数化"选项卡→"几何"面板→ 按钮。

固定约束的具体操作步骤如下：

原始文件：Sample\原始文件\ch09\固定约束.dwg
最终文件：Sample\结果文件\ch09\固定约束.dwg

Step 01 打开随书光盘原始文件，如图 9-44 所示。

Step 02 调用"固定"约束命令，然后在绘图窗口中选择一个点，如图 9-45 所示。

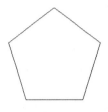

图 9-44

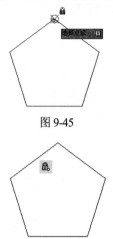

图 9-45

Step 03 程序会自动将选取的对象生成一个固定约束图形，如图 9-46 所示。

图 9-46

提示：固定约束对圆心的约束

将固定约束应用到对象上时，该对象将被锁定无法移动，但可以围绕锁定的节点放大、缩小或旋转图形。例如，锁定的对象是圆，那么该圆心不能移动，但是可以放大或缩小圆的半径。

9.2 标注约束

标注约束可以确定对象、对象上的点之间的距离或角度，也可以确定对象的大小。标注约束包括名称和值。默认情况下，标注约束是动态的。对常规参数化图形和设计任务来说，它们是非常理想的。动态约束具有以下 5 个特征：缩小或放大时大小不变；可以轻松打开或关闭；以固定的标注样式显示；提供有限的夹点功能；打印时不显示。

9.2.1 对齐标注约束

对齐约束是约束对象上两个点之间的距离，或者约束不同对象上两个点之间的距离。
命令调用方法如下。

● 菜单命令："参数"→"标注约束"→"对齐"。
● "参数化"选项卡→"标注"面板→ 按钮。
对齐标注约束的具体操作步骤如下：

原始文件：Sample\原始文件\ch09\对齐标注约束.dwg

最终文件：Sample\结果文件\ch09\对齐标注约束.dwg

Step 01 打开随书光盘原始文件，如图 9-47 所示。

Step 02 调用"对齐"标注约束命令，然后在绘图窗口中指定第一个约束点，如图 9-48 所示。

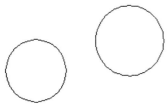

图 9-47

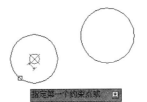

图 9-48

Step 03 接着在绘图窗口中指定第二个约束点，如图 9-49 所示。

Step 04 在绘图窗口中指定尺寸线的位置，如图 9-50 所示。

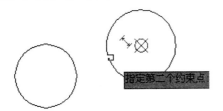

图 9-49

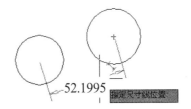

图 9-50

Step 05 然后在尺寸更改框中输入"80"，如图 9-51 所示。

Step 06 尺寸输入好后，在绘图窗口的空白区域任意地方单击，程序会自动生成一个对齐标注约束，如图 9-52 所示。

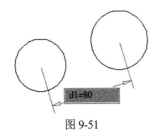

图 9-51

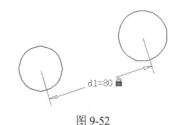

图 9-52

9.2.2 竖直标注约束

竖直约束是约束对象上两个点之间或不同对象上两个点之间 Y 轴方向的距离。

命令调用方法如下。

● 菜单命令："参数"→"标注约束"→"竖直"。

● "参数化"选项卡→"标注"面板下拉列表→按钮。

竖直标注约束的具体操作步骤如下：

原始文件：Sample\原始文件\ch09\竖直标注约束.dwg

最终文件：Sample\结果文件\ch09\竖直标注约束.dwg

Step 01 打开随书光盘原始文件，如图 9-53 所示。

Step 02 调用"竖直"标注约束命令，然后在绘图窗口中指定第一个约束点，如图 9-54 所示。

图 9-53

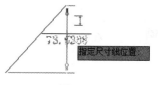

指定第一个约束点或

图 9-54

Step 03 接着在绘图窗口中指定第二个约束点，如图 9-55 所示。

Step 04 在绘图窗口中指定尺寸线的位置，如图 9-56 所示。

指定第二个约束点

图 9-55

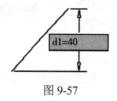

73.5288

指定尺寸线位置

图 9-56

Step 05 然后在尺寸更改框中输入"40"，如图 9-57 所示。

Step 06 在绘图窗口的空白区域任意地方单击，结果如图 9-58 所示。

d1=40

图 9-57

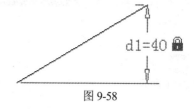

d1=40

图 9-58

9.2.3 半径/直径标注约束

半径/直径标注约束就是约束圆或圆弧的半径/直径值。

命令调用方法如下。

- 菜单命令："参数" → "标注约束" → "半径/直径"。
- "参数化"选项卡→"标注"面板→ 按钮。

半径/直径标注约束的具体操作步骤如下：

 原始文件：Sample\原始文件\ch09\半径（直径）标注约束.dwg

最终文件：Sample\结果文件\ch09\半径（直径）标注约束.dwg

Step 01 打开随书光盘原始文件，如图 9-59 所示。

Step 02 调用"半径"标注约束命令，然后在绘图窗口中选择圆弧，如图 9-60 所示。

图 9-59

选择圆弧或圆

图 9-60

Step 03 在绘图窗口中指定尺寸线位置，如图 9-61 所示。

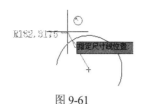

图 9-61

Step 05 尺寸输入好后，在绘图窗口的空白区域任意地方单击，程序会自动生成一个半径标注约束，如图 9-63 所示。

Step 04 然后在尺寸更改框中输入"100"，如图 9-62 所示。

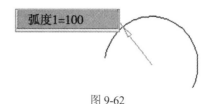

图 9-62

图 9-63

提示：半径标注约束中的约束显示

半径标注约束中的弧度就是半径值，有兴趣的读者可以测量一下约束后的圆弧半径。如果读者怕引起歧义，在更改弧度值的时候可以直接将文字一起更改。

直径标注约束和半径标注约束的方法和效果都相同，但同一对象上只能有一个。

如果本例中调用的是直径标注约束，约束前显示的将是直径符号。

9.2.4 水平标注约束

水平标注约束是约束对象上两个点之间或不同对象上两个点之间 X 轴方向的距离。命令调用方法如下。

● 菜单命令："参数"→"标注约束"→"水平"。

● "参数化"选项卡→"标注"面板下拉列表→ 按钮。

水平标注约束的具体操作步骤如下：

原始文件：Sample\原始文件\ch09\水平标注约束.dwg

最终文件：Sample\结果文件\ch09\水平标注约束.dwg

Step 01 打开随书光盘原始文件，如图 9-64 所示。

Step 02 调用"水平"标注约束命令，然后在绘图窗口中指定一个约束点，如图 9-65 所示。

图 9-64

图 9-65

Step 03 接着在绘图窗口中指定第二个约束点，如图 9-66 所示。

Step 04 在绘图窗口中指定尺寸线位置，如图 9-67 所示。

图 9-66

图 9-67

Step 05 然后在尺寸更改框中输入"120"，如图 9-68 所示。

Step 06 尺寸输入好后，在绘图窗口的空白区域任意地方单击，程序会自动生成一个水平标注约束，如图 9-69 所示。

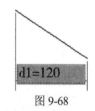

图 9-68

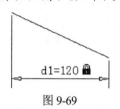

图 9-69

9.2.5 角度标注约束

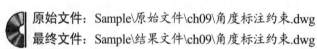

角度标注约束是约束直线段或多段线之间的角度、由圆弧或多段线圆弧段扫掠得到的角度，或对象上 3 个点之间的角度。

命令调用方法如下。

- 菜单命令："参数"→"标注约束"→"角度"。
- "参数化"选项卡→"标注"面板→▵ 按钮。

角度标注约束的具体操作步骤如下：

原始文件：Sample\原始文件\ch09\角度标注约束.dwg
最终文件：Sample\结果文件\ch09\角度标注约束.dwg

Step 01 打开随书光盘原始文件，如图 9-70 所示。

Step 02 调用"角度"标注约束命令，然后在绘图窗口中选择第一条直线，如图 9-71 所示。

图 9-70

图 9-71

Step 03 接着在绘图窗口中选择第二条直线，如图 9-72 所示。

Step 04 在绘图窗口中指定尺寸线位置，如图 9-73 所示。

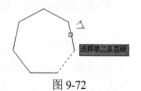

图 9-72

图 9-73

Step 05 接着在尺寸更改框中输入 "120"，如图 9-74 所示。

Step 06 尺寸输入好后，在绘图窗口的空白区域任意地方单击，程序会自动生成一个角度标注约束，如图 9-75 所示。

图 9-74

图 9-75

9.3　实例练习：给灯具平面图添加约束

通过本章的介绍，读者对参数化设计有了一个大致的认识，下面通过给灯具平面图添加几何约束和标注约束来进一步巩固本章所讲的内容。约束完成后效果如图 9-76 所示。

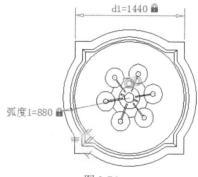

图 9-76

原始文件：Sample\原始文件\ch09\灯具平面图.dwg
最终文件：Sample\结果文件\ch09\灯具平面图.dwg

9.3.1　添加几何约束

首先给灯具平面图添加几何约束，具体的操作步骤如下：

Step 01 打开随书光盘原始文件，如图 9-77 所示。

Step 02 调用 "同心" 约束命令，然后选择图形中央的小圆为第一个对象，如图 9-78 所示。

图 9-77

图 9-78

Step 03 选择位于小圆外侧的第一个圆为第二个对象，程序会自动生成一个同心约束效果，如图9-79所示。

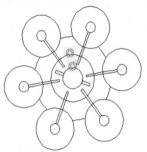

图9-79

Step 04 调用"水平"约束命令，在图形左下方选择水平直线，将直线约束为与X轴平行，如图9-80所示。

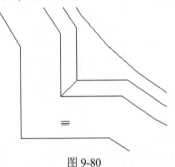

图9-80

Step 05 调用"平行"约束命令，选择水平约束的直线为第一个对象，如图9-81所示。

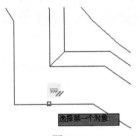

图9-81

Step 06 然后选择上方的水平直线为第二个对象，如图9-82所示。

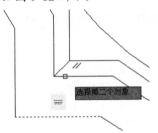

图9-82

Step 07 程序会自动生成一个平行约束，如图9-83所示。

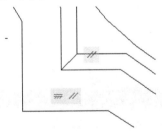

图9-83

Step 08 调用"垂直"约束命令，选择水平约束的直线为第一个对象，如图9-84所示。

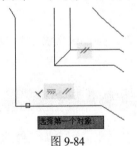

图9-84

Step 09 然后选择与之相交的直线为第二个对象，如图9-85所示。

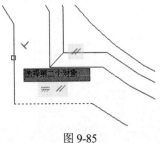

图9-85

Step 10 程序会自动生成一个垂直约束，如图9-86所示。

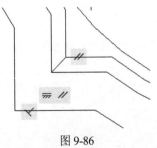

图9-86

9.3.2 添加标注约束

几何约束完成后，接下来进行标注约束，具体的操作步骤如下：

Step 01 调用"水平"标注约束命令，然后在图形中指定第一个约束点，如图 9-87 所示。

Step 02 然后指定第二个约束点，如图 9-88 所示。

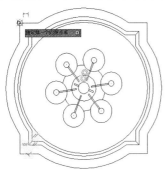

图 9-87

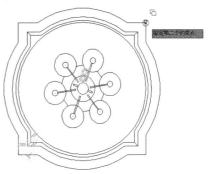

图 9-88

Step 03 拖动鼠标到合适的位置，显示原始尺寸，如图 9-89 所示。

Step 04 将尺寸值修改为 1440，然后在空白区域单击，结果如图 9-90 所示。

图 9-89

图 9-90

Step 05 调用"半径"标注约束命令，然后在图形中指定圆弧，拖动鼠标将约束放置到合适的位置，如图 9-91 所示。

Step 06 将半径值改为 880，然后在空白处单击，程序会自动生成一个半径标注约束，如图 9-92 所示。

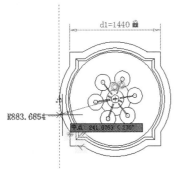

图 9-91

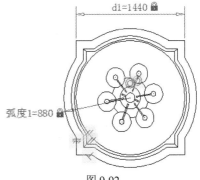

图 9-92

第 **10** 章
三维建模

AutoCAD 2013 不仅可以绘制二维平面图，还可以创建三维实体模型，三维实体模型具有真实、直观的特点。三维实体模型可以通过已有的二维草图来进行创建，也可以直接通过三维建模功能来完成。

视频文件：光盘\视频演示\CH10
视频时间：16 分钟

10.1 视图与视觉样式

视图是指从不同角度观察三维模型，对于复杂的图形可以通过切换视图样式来从多个角度全面观察图形。

视觉样式用于观察三维实体模型在不同视觉下的效果。在 AutoCAD 2013 中程序提供了 10 种视觉样式，用户可以切换到不同的视觉样式来观察模型。

10.1.1 AutoCAD 三维建模空间

三维建模空间是由菜单栏、快速访问工具栏、选项卡、控制面板和绘图区组成的集合，使用户可以在专门的、面向任务的绘图环境中工作。三维建模空间如图 10-1 所示。

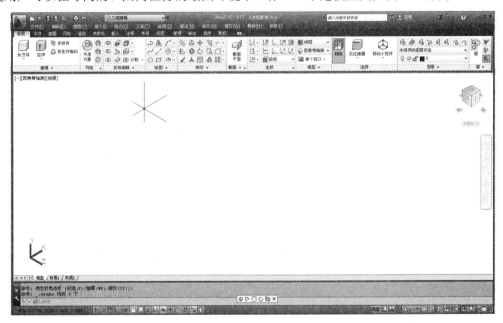

图 10-1

打开三维建模空间的方法有以下几种。

● 菜单命令："工具"→"工作空间"→"三维建模"。

● 快速访问工具栏："工作空间"下拉菜单→ 三维建模 。

● 命令：wscurrent+空格键→输入"三维建模"。

10.1.2 三维视图分类与切换

1. 三维视图的分类

三维视图可分为标准正交视图和等轴测视图。

● 标准正交视图：俯视、仰视、主视、左视、右视和后视。

● 等轴测视图：SW（西南）等轴测、SE（东南）等轴测、NE（东北）等轴测和 NW（西北）等轴测。

2. 切换三维视图的3种方法

- 选择菜单栏中的"视图"→"三维视图"→"……"命令，可以打开三维视图，如图10-2所示。
- 单击"视图"选项卡中的"视图"后面的下拉按钮也可以打开三维视图，如图10-3所示。
- 单击绘图窗口左上角的视图控件，如图10-4所示。

图 10-2 　　　　　　　　　　图 10-3 　　　　　　　　　　图 10-4

3. 不同视图下的显示效果

- 选择"视图"→"三维视图"→"西南等轴测"菜单命令，效果如图10-5所示。
- 选择"视图"→"三维视图"→"西北等轴测"菜单命令，效果如图10-6所示。

图 10-5 　　　　　　　　　　　　　　　图 10-6

10.1.3　视觉样式的分类

在 AutoCAD 2013 中的视觉样式有 10 种类型：二维线框、三维隐藏、概念、真实、着色、带边框着色、灰度、勾画、线框和 X 射线，程序默认的视觉样式为二维线框。

切换视觉样式的方法主要有以下几种：

- 选择"视图"→"视觉样式"→"……"菜单命令，选择一种视觉样式，如图10-7所示。
- 单击"视图"选项卡中的"视觉样式"后面的下拉按钮选择一种视觉样式，如图10-8所示。
- 单击绘图窗口左上角的视觉样式控件，如图10-9所示。

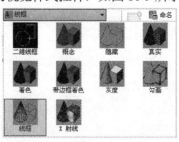

图 10-7 　　　　　　　　　　图 10-8 　　　　　　　　　　图 10-9

10.2　由二维图形创建网格

网格面是平面，因此网格只能近似于曲面。创建网格的方法有两种，一种是通过"绘图"→"建模"→"网格"→"图元"→"……"菜单命令创建标准网格，另一种是由二维图形创建网格。标准网格的创建与后面所讲的基本三维实体建模的方法一样，因此，本节重点介绍如何由二维图形创建网格。

10.2.1　平移网格

平移网格是将选择的对象按照指定的矢量方向进行拉伸，矢量方向必须是一条直线。网格的高度就是矢量轴的高度。

命令调用方法如下。

● 菜单命令："绘图"→"建模"→"网格"→"平移网格"。

● "网格"选项卡："图元"面板→ 按钮。

● 命令：tabsurf+空格键。

创建平移网格的具体操作步骤如下：

原始文件：Sample\原始文件\ch10\平移网格.dwg
最终文件：Sample\结果文件\ch10\平移网格.dwg

Step 01　打开随书光盘原始文件，如图 10-10 所示。

Step 02　调用"平移网格"命令，在绘图窗口中选择轮廓曲线，如图 10-11 所示。

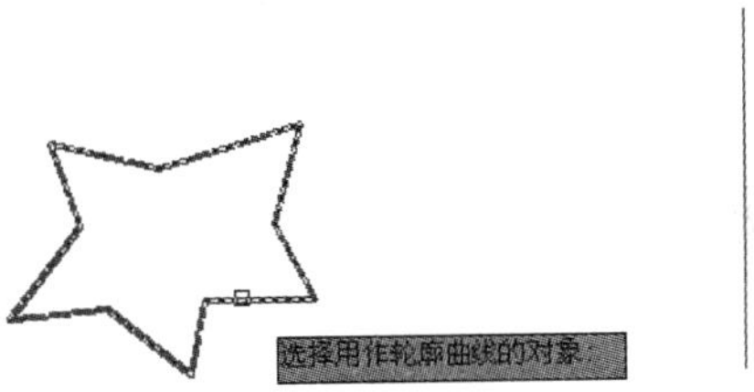

图 10-10

图 10-11

Step 03　再在绘图窗口中指定矢量轴，如图 10-12 所示。

Step 04　程序自动将选择的轮廓曲线沿矢量轴进行平移，结果如图 10-13 所示。

图 10-12

图 10-13

提示：矢量选择技巧

选择矢量轴时如果选择的是矢量轴的上端，则拉伸方向向下，拉伸长度为矢量轴的长度。同理，如果选择的是矢量轴的下端，则拉伸方向向上，长度为矢量轴的长度。

10.2.2 旋转网格

旋转网格是通过将路径曲线或轮廓曲线绕指定的轴旋转，创建一个近似于旋转曲面的网格。网格的密度由 SURFTAB1 和 SURFTAB2 系统变量控制，所以在使用旋转网格之前要预先设置 SURFTAB1 和 SURFTAB2 系统变量值。

命令调用方法如下。

● 菜单命令："绘图"→"建模"→"网格"→"旋转网格"。

● "网格"选项卡："图元"面板→⊛按钮。

● 命令：revsurf+空格键。

创建旋转网格的具体操作步骤如下：

原始文件：Sample\原始文件\ch10\旋转网格.dwg

最终文件：Sample\结果文件\ch10\旋转网格.dwg

Step 01 打开随书光盘原始文件，如图 10-14 所示。

Step 02 在命令窗口输入 SURFTAB1 和 SURFTAB2，分别设置系统的变量值为 60 和 80，命令提示如下：

```
命令: SURFTAB1
输入 SURFTAB1 的新值 <60>: 60
命令: SURFTAB2
输入 SURFTAB2 的新值 <80>: 80
```

图 10-14

Step 03 调用"旋转网格"命令，在绘图窗口中选择要旋转的对象，如图 10-15 所示。

Step 04 在绘图窗口中选择旋转轴，如图 10-16 所示。

图 10-15

图 10-16

Step 05 输入旋转角度为"360"，按【Enter】键确定，如图 10-17 所示。

Step 06 程序按照输入的旋转角度和起点角度将选择的对象绕旋转轴进行旋转，效果如图 10-18 所示。

图 10-17

图 10-18

提示：起始角度

起点角度默认为 0。如果设置为 30°，那么就是从偏移该平面 30° 的地方开始旋转。

10.2.3 直纹网格

直纹网格是将两条曲线进行连接。选择的曲线可以是点、直线、圆弧或多段线。选择的两条直线必须同时是闭合的或同时是开放的。直纹网格的密度只由 SURFTAB1 决定。

命令调用方法如下。

● 菜单命令："绘图" → "建模" → "网格" → "直纹网格"。

● "网格"选项卡："图元"面板→ 按钮。

● 命令：rulesurf+空格键。

创建直纹网格的具体操作步骤如下：

 原始文件：Sample\原始文件\ch10\直纹网格.dwg

最终文件：Sample\结果文件\ch10\直纹网格.dwg

Step 01 打开随书光盘原始文件，如图 10-19 所示。

Step 02 在命令行输入 SURFTAB1，将变量值设置为 5。然后调用"直纹网格"命令，在绘图窗口中选择第一条曲线，如图 10-20 所示。

图 10-19

图 10-20

Step 03 继续在绘图窗口中选择第二条曲线，如图 10-21 所示。

Step 04 程序自动生成网格曲面，结果如图 10-22 所示。

图 10-21

和上一步选择同侧

图 10-22

提示：选择曲线的注意事项

选择曲线对象时，如果两条曲线在同一侧，则创建的网格是平滑的网格曲面；如果选择的不在同一侧，则创建的将是扭曲的网格。直纹网格只有一个方向，所以在设置网格系统变量的时候，只设置一个方向即可。

10.2.4 边界网格

创建边界网格必须有4条曲线，且曲线必须是相互连接的封闭区域。

命令调用方法如下。

● 菜单命令："绘图"→"建模"→"网格"→"边界网格"。

● "网格"选项卡："图元"面板→ 按钮。

● 命令：edgesurf+空格键。

创建边界网格的具体操作步骤如下：

原始文件：Sample\原始文件\ch10\边界网格.dwg

最终文件：Sample\结果文件\ch10\边界网格.dwg

Step 01 打开随书光盘原始文件，然后将 SURFTAB1 和 SURFTAB2 的系统变量值设置为 6 和 8，结果如图 10-23 所示。

Step 02 调用"边界网格"命令，在绘图窗口中选择第一条曲线，如图 10-24 所示。

图 10-23

图 10-24

Step 03 依次在绘图窗口中选择另外 3 条曲线，如图 10-25 所示。

Step 04 程序自动根据选择的曲线生成边界网格，效果如图 10-26 所示。

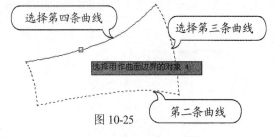

图 10-25

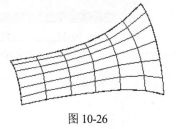

图 10-26

提示：第一条边决定边界网格的形状

边界网格第一条边决定着边界网格的纵横方向，第一条边选定后，其他3条边的选择顺序对生成结果没有影响。

10.3 基本三维建模

三维模型都是由基本的长方体、圆柱体、圆锥体、球体、圆环、棱锥体组成的，本节就重点介绍如何创建基本的三维模型。

提示：显示说明

以下所有图形的视图样式都是"西南等轴测"视图，绘图过程中采用"二维线框"视觉样式的效果，而结果图采用"概念"视觉样式的效果。

10.3.1 长方体

长方体是一个具有高度的长方形实体。长方体的创建方式是先创建长方体的底面，然后创建长方体的高度。长方体的高度值可以为正值，也可以为负值，它决定了长方体的方向。

命令调用方法如下。

- 菜单命令："绘图"→"建模"→"长方体"。
- "常用"选项卡："建模"面板→"实体图元"下拉菜单→按钮。
- 命令：box+空格键。

创建长方体的具体操作步骤如下：

原始文件：无

最终文件：Sample\结果文件\ch10\长方体.dwg

Step 01 调用"长方体"命令，在绘图窗口中的任意位置单击作为长方体的第一个角点，如图 10-27 所示。

Step 02 然后拖动鼠标在绘图窗口中指定长方体在 *XY* 平面上的另一个角点，如图 10-28 所示。

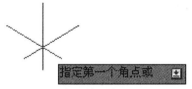

图 10-27

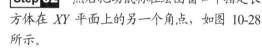

图 10-28

Step 03 将光标沿 *Z* 轴方向移动，输入高度为 15，然后按空格键确定，如图 10-29 所示。

Step 04 程序自动按照指定的底面和高度创建长方体，效果如图 10-30 所示。

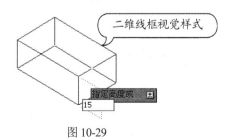

图 10-29

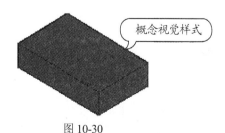

图 10-30

提示：长方体的其他画法

除了上面介绍的方法外，还可以通过输入（或指定）两个不在同一个平面内的点创建长方体。还可以先指定长方体的中心点，然后指定长方体的角点来绘制。

10.3.2　圆柱体

圆柱体是一个具有高度特征的圆形实体。创建圆柱体时，首先需要指定圆柱体的底面圆心，然后指定底面圆的半径，再指定圆柱体的高度即可。

命令调用方法如下。

● 菜单命令："绘图"→"建模"→"圆柱体"。

● "常用"选项卡："建模"面板→"实体图元"下拉菜单→按钮。

● 命令：cyl（cylinder）+空格键。

创建圆柱体的具体操作步骤如下：

原始文件：无

最终文件：Sample\结果文件\ch10\圆柱体.dwg

Step 01　调用"圆柱体"菜单命令，在绘图窗口中的任意位置指定底面的中心点，如图 10-31 所示。

Step 02　然后在绘图窗口中指定底面的半径为 30，如图 10-32 所示。

图 10-31

图 10-32

Step 03　沿 Z 轴方向移动鼠标输入高度为 60，然后按【Enter】键确定，如图 10-33 所示。

Step 04　程序自动按照指定的半径和高度创建圆柱体，切换到概念视觉样式后效果如图 10-34 所示。

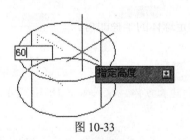

图 10-33

图 10-34

10.3.3　圆锥体

圆锥体可以看做是具有一定斜度的圆柱体变化而来的三维实体。如果底面半径和顶面半径的值相同，则创建的将是一个圆柱体；如果底面半径或顶面半径其中一项为 0，则创建的将是一个锥体；如果底面半径和顶面半径是两个不同的值，则创建一个圆台体。

命令调用方法如下。

- 菜单命令："绘图"→"建模"→"圆锥体"。
- "常用"选项卡："建模"面板→"实体图元"下拉菜单→△按钮。
- 命令：cone+空格键。

创建圆锥体的具体操作步骤如下：

原始文件：无

最终文件：Sample\结果文件\ch10\圆锥体.dwg

Step 01 调用"圆锥体"命令，在绘图窗口中的任意位置单击确定底面的中心点，如图10-35所示。

Step 02 然后在绘图窗口中指定底面半径为20，如图10-36所示。

图 10-35

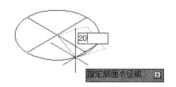

图 10-36

Step 03 沿 Z 轴方向移动鼠标，根据提示输入高度为 60，然后按空格键确定，如图10-37所示。

Step 04 程序自动按照输入的参数创建一个圆锥体，切换到概念样式后效果如图10-38所示。

图 10-37

图 10-38

10.3.4 球体

创建球体时首先需要指定球体的中心点，然后指定球体的半径即可。

命令调用方法如下。

- 菜单命令："绘图"→"建模"→"球体"。
- "常用"选项卡："建模"面板→"实体图元"下拉菜单→○按钮。
- 命令：sphere+空格键。

创建球体的具体操作步骤如下：

原始文件：无

最终文件：Sample\结果文件\ch10\球体.dwg

Step 01 调用"球体"命令，在绘图窗口中的任意位置单击确定球体的中心点，如图10-39所示。

Step 02 然后在绘图窗口中指定半径为28，如图10-40所示。

指定中心点或

图 10-39

图 10-40

Step 03 程序自动生成球体，切换到概念视
觉样式后的球体效果如图 10-41 所示。

图 10-41

提示：球体的显示

在二维线框视觉样式下，球体的显示效果由 isolines 的变量值控制（AutoCAD
默认值为 4）。当变量值很小时，显示的效果更像是一个圆柱体；当系统变量值增大
时，显示则更接近球体。

10.3.5 棱锥体

棱锥体是多个棱锥面构成的实体，棱锥体的侧面数至少为 3 个，最多为 32 个。如果底面
半径和顶面半径的值相同，则创建的将是一个棱柱体；如果底面半径或顶面半径其中一项为 0，
则创建的将是一个棱锥体；如果底面半径和顶面半径是两个不同的值，则创建一个棱台体。

命令调用方法如下。

● 菜单命令："绘图"→"建模"→"棱锥体"。
● "常用"选项卡："建模"面板→"实体图元"下拉菜单→◇按钮。
● 命令：pyr（pyramid）+空格键。

创建棱锥体的具体操作步骤如下：

原始文件：无
最终文件：Sample\结果文件\ch10\棱锥体.dwg

Step 01 调用"棱锥体"命令，在绘图窗口
中的任意位置单击作为棱锥体底面的中心
点，如图 10-42 所示。

Step 02 然后在绘图窗口中指定底面半径
为 26，如图 10-43 所示。

AutoCAD 默认的侧面
数是 4，在不指定底面
中心前输入 S 可以重新
确定侧面数

指定底面的中心点或

图 10-42

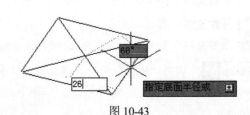

图 10-43

Step 03 最后在绘图窗口中指定高度为 68,如图 10-44 所示。

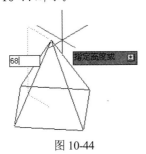

图 10-44

Step 04 程序自动根据输入的参数创建棱锥体,切换到概念样式后效果如图 10-45 所示。

图 10-45

10.3.6 楔体

楔体是指底面为矩形或正方形,横截面为直角三角形的实体。楔体的创建方法与长方体相同,先指定底面参数,然后设置高度。

命令调用方法如下。

- 菜单命令:"绘图"→"建模"→"楔体"。
- "常用"选项卡:"建模"面板→"实体图元"下拉菜单→◢按钮。
- 命令:we(wedge)+空格键。

创建楔体的具体操作步骤如下:

 原始文件:无

最终文件:Sample\结果文件\ch10\楔体.dwg

Step 01 调用"楔体"菜单命令,在绘图窗口中的任意位置单击作为楔体的第一个角点,如图 10-46 所示。

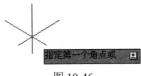

图 10-46

Step 02 然后在绘图窗口中指定其他角点,如图 10-47 所示。

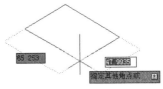

图 10-47

Step 03 沿 Z 轴方向移动鼠标,输入楔体的高度为 28,然后按空格键确定,如图 10-48 所示。

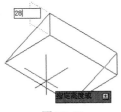

图 10-48

Step 04 程序自动根据输入的参数创建楔体,完成后切换到概念视觉样式下,效果如图 10-49 所示。

图 10-49

提示：楔体的显示

楔体的斜面高度沿 X 轴正方向减小，底面平行于 XY 平面。

10.3.7 圆环体

圆环体具有两个半径值，一个值定义圆管，另一个值定义从圆环体的圆心到圆管圆心之间的距离。默认情况下，圆环体的创建将以 XY 平面为基准，且被该平面平分。

命令调用方法如下。

- 菜单命令："绘图"→"建模"→"圆环体"。
- "常用"选项卡："建模"面板→"实体图元"下拉菜单→◎按钮。
- 命令：tor（torus）+空格键。

创建圆环体的具体操作步骤如下：

原始文件：无

最终文件：Sample\结果文件\ch10\圆环体.dwg

Step 01 调用"圆环体"命令，在绘图窗口中的任意位置单击指定圆环体的中心，然后输入圆环体的半径为24，如图10-50所示。

Step 02 然后在绘图窗口中输入圆管半径为12，如图10-51所示。

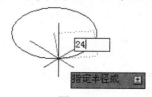

图 10-50

图 10-51

Step 03 程序自动根据设置的参数创建圆环体，切换到概念视觉样式下，效果如图 10-52 所示。

图 10-52

10.3.8 多段体

多段体可以创建具有固定高度和宽度的三维墙状实体。三维多段体的绘制方法与多段线一样，只需要简单地在平面视图上从点到点地绘制即可。

命令调用方法如下。

- 菜单命令："绘图"→"建模"→"多段体"。
- "常用"选项卡："建模"面板→⚪按钮。
- 命令：psolid（polysolid）+空格键。

创建多段体的具体操作步骤如下：

原始文件：Sample\原始文件\ch10\多段体.dwg
最终文件：Sample\结果文件\ch10\多段体.dwg

Step 01 打开随书光盘原始文件，然后调用多段体命令，设置"多段体"的高度和宽度，AutoCAD 提示如下：

```
命令: _Polysolid 高度 = 80.0000, 宽度 = 5.0000, 对正 = 居中
指定起点或 [对象(O)/高度(H)/宽度(W)/对正(J)] <对象>: h
指定高度 <80.0000>: 20
高度 = 20.0000, 宽度 = 5.0000, 对正 = 居中
指定起点或 [对象(O)/高度(H)/宽度(W)/对正(J)] <对象>: w
指定宽度 <5.0000>: 2
高度 = 20.0000, 宽度 = 2.0000, 对正 = 居中
```

Step 02 参数设置完成后输入 O 并选择对象，如图 10-53 所示。

图 10-53

Step 03 程序自动根据设置的参数创建多段体，完成后切换到概念视觉样式，效果如图 10-54 所示。

图 10-54

10.4 由二维图形创建三维实体

在 AutoCAD 2013 中除了使用基本建模的方式来创建三维实体模型外，还可以通过将二维图形进行拉伸、旋转、扫掠和放样等操作来创建三维实体。使用基本建模只能创建规则的实体模型，而使用拉伸、旋转、扫掠和放样可以创建更加复杂的实体模型。

本节所有实例不加特殊说明，使用的视觉样式均为"概念"样式。

10.4.1 拉伸特征

拉伸特征是指沿某一矢量方向，通过指定高度或距离来将二维图形转换为三维实体模型或曲面的操作。选定对象后，除了直接输入拉伸距离生成三维对象外，还可以通过指定方向和路径来创建拉伸对象。此外，还可以给拉伸对象沿拉伸方向指定一个倾斜角度。

命令调用方法如下。

● 菜单命令："绘图"→"建模"→"拉伸"。

● "常用"选项卡："建模"面板→"实体创建"下拉菜单→按钮。

● 命令：ext（extrude）+空格键。

通过拉伸创建三维实体的具体操作步骤如下：

原始文件：Sample\原始文件\ch10\拉伸特征.dwg
最终文件：Sample\结果文件\ch10\拉伸特征.dwg

Step 01 打开随书光盘原始文件,调用"拉伸"命令,在绘图窗口中选择要拉伸的对象,如图 10-55 所示。

Step 02 按空格键确定,然后输入拉伸的高度为 15,如图 10-56 所示。

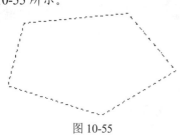

图 10-55

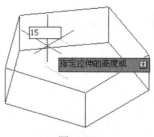

图 10-56

Step 03 拉伸高度输入完成后,按空格键确定,程序根据输入的参数自动生成三维实体,将视觉样式切换到概念样式,效果如图 10-57 所示。

图 10-57

提示:切换模式可以生成曲面

当命令行提示选择拉伸对象时,输入 mo,然后可以切换拉伸后生成的对象是实体还是曲面。后面介绍的旋转、扫掠、放样也可以通过修改模式来决定生成的对象是实体还是曲面。

10.4.2 旋转特征

旋转特征是将二维图形绕指定的轴线旋转生成三维实体或曲面,旋转的角度介于 0~360° 之间。

命令调用方法如下。

- 菜单命令:"绘图"→"建模"→"旋转"。
- "常用"选项卡:"建模"面板→"实体创建"下拉菜单→按钮。
- 命令:rev(revolve)+空格键。

用旋转特征创建三维对象的具体操作步骤如下:

原始文件:Sample\原始文件\ch10\旋转特征.dwg
最终文件:Sample\结果文件\ch10\旋转特征.dwg

Step 01 打开随书光盘原始文件,调用"旋转"命令,选择要旋转的线段,如图 10-58 所示,按空格键确定。

Step 02 以中心线的端点为旋转轴的起点,如图 10-59 所示。

图 10-58

图 10-59

Step 03 以中心线的中点为旋转轴的第二个点，如图 10-60 所示。

Step 04 输入旋转角度为 270°，然后按空格键确定，完成后的旋转效果如图 10-61 所示。

图 10-60

图 10-61

提示：旋转轴的选择

当命令行提示指定旋转轴的起点时，可以通过输入 X、Y、Z 来选择坐标轴作为旋转轴，如果输入 O 还可以指定其他直线作为旋转轴。

10.4.3　扫掠特征

扫掠特征是将选择的对象绕指定的路径以对象的形状作为横截面来绘制实体或曲面。"扫掠对象"可以是多边形、矩形等闭合二维图形，"扫掠路径"可以是二维开放的多段线、样条曲线、圆、矩形等，但不可以是相交的样条曲线和多段线。

命令调用方法如下。

● 菜单命令："绘图"→"建模"→"扫掠"。
● "常用"选项卡："建模"面板→"实体创建"下拉菜单→ 按钮。
● 命令：sweep+空格键。

通过扫掠特征创建三维对象的具体操作步骤如下：

原始文件：Sample\原始文件\ch10\扫掠特征.dwg
最终文件：Sample\结果文件\ch10\扫掠特征.dwg

Step 01 打开随书光盘原始文件，调用"扫掠"命令，选择要扫掠的对象，如图 10-62 所示。

Step 02 然后在绘图窗口中选择扫掠路径，如图 10-63 所示。

图 10-62

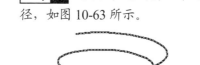

图 10-63

Step 03 程序自动将选择的扫掠对象绕路径曲线进行扫掠，扫掠完成后将视觉样式切换到概念样式，效果如图 10-64 所示。

图 10-64

10.4.4 放样特征

放样是将两条或两条以上的截面曲线进行连接从而创建一个三维对象。横截面可以是闭合的对象，也可以是开放的对象。

命令调用方法如下。

● 菜单命令："绘图"→"建模"→"放样"。

● "常用"选项卡："建模"面板→"实体创建"下拉菜单→ 按钮。

● 命令：loft+空格键。

通过放样创建三维实体的具体操作步骤如下：

原始文件：Sample\原始文件\ch10\放样特征.dwg
最终文件：Sample\结果文件\ch10\放样特征.dwg

Step 01 打开随书光盘原始文件，如图 10-65 所示。

Step 02 调用"放样"单命令，按照放样次序依次选择横截面，如图 10-66 所示。

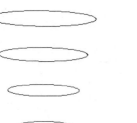

图 10-65

图 10-66

Step 03 横截面选择好后，按空格键确定，然后输入 c（仅横截面）选项，如图 10-67 所示。

Step 04 程序自动将选择的线段进行放样拟合，完成后将视觉样式切换到概念样式，效果如图 10-68 所示。

图 10-67

图 10-68

10.4.5　按住并拖动特征

按住并拖动是通过在区域中单击或拖动有边界区域，然后移动光标或输入值以指定拉伸距离。

命令调用方法如下。

● 菜单命令："绘图"→"建模"→"按住并拖动"。

● "常用"选项卡："建模"面板→ 按钮。

● 命令：presspull+空格键。

通过按住并拖动创建三维对象的具体操作步骤如下：

原始文件：Sample\原始文件\ch10\按住并拖动.dwg

最终文件：Sample\结果文件\ch10\按住并拖动.dwg

Step 01 打开随书光盘原始文件，如图 10-69 所示。调用 "按住并拖动" 命令，在需要拖动的平面内单击选择。

Step 02 将对象向下拉伸 3，按空格键确定，如图 10-70 所示。

图 10-69

图 10-70

Step 03 继续选择另一个矩形，将它向上拉伸 4，结果如图 10-71 所示。

Step 04 选择上部长方体的一个面向前拉伸 3，如图 10-72 所示。

图 10-71

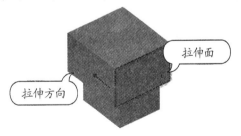

图 10-72

Step 05 完成后的最终结果如图 10-73 所示。

图 10-73

10.5 实例练习：绘制机件三维造型

在绘制机件过程中用到了"长方体"、"圆柱体"、"楔体"和"布尔运算"等命令，但对布尔运算不具体介绍，详细介绍请参考下一章节。

原始文件： 无

最终文件： Sample\结果文件\ch10\绘制机件.dwg

10.5.1 绘制机件的底部

本节通过拉伸命令将二维面域拉伸成三维实体，在创建二维面域时主要用到了矩形、圆、差集等命令，具体的操作步骤如下：

Step 01 选择"视图>三维视图>东南等轴测"菜单命令，将当前视图设置为东南等轴测方向，如图 10-74 所示。

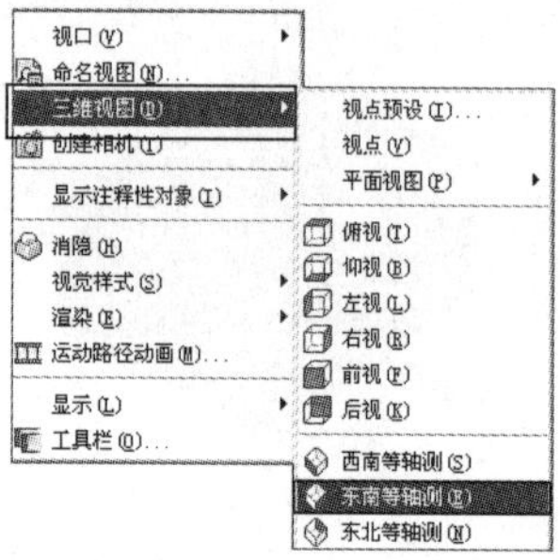

图 10-74

Step 02 在命令行输入 rec（矩形）并按空格键，然后输入 f（圆角）选项，绘制一个圆角半径为 40 的矩形。

```
命令: _rectang
指定第一个角点或 [倒角(C)/标高(E)/圆角(F)/厚度(T)/宽度(W)]: f
指定矩形的圆角半径 <0.0000>: 40
指定第一个角点或 [倒角(C)/标高(E)/圆角(F)/厚度(T)/宽度(W)]: 0,0
指定另一个角点或 [面积(A)/尺寸(D)/旋转(R)]: @260,80
```

Step 03 在命令行输入 c（圆）并按空格键，以点(40,40)为圆心，绘制一个半径为 18 的圆，如图 10-75 所示。

Step 04 重复上一步，以点(220,40)为圆心，再绘制一个半径为 18 的圆，如图 10-76 所示。

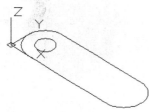

图 10-75

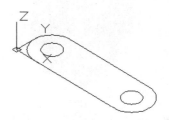

图 10-76

Step 05 在命令行输入 reg（面域）并按空格键，选择所有绘制的图形，将其转换为面域，AutoCAD 提示如下：

```
命令: _region
选择对象: （两个圆和一个矩形）
选择对象: 已提取 3 个环。
已创建 3 个面域。
```

Step 06 选择"修改>实体编辑>差集"菜单命令，使用矩形面域减去两个圆形面域，AutoCAD 提示如下：

```
命令: _subtract 选择要从中减去的实体、曲面和面域...
选择对象:        //选择矩形
选择对象: 选择要减去的实体、曲面和面域...
选择对象:        //选择两个圆
选择对象:        //按 Enter 键结束命令
```

Step 07　在命令行输入 ext（拉伸），以差集后的面域为拉伸的对象，如图 10-77 所示。

Step 08　按【Enter】键确定，然后指定拉伸的高度为 28，如图 10-78 所示。

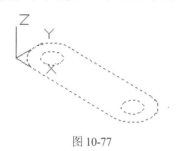

图 10-77

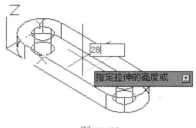

图 10-78

10.5.2　绘制机件的支撑部分

本节通过拉伸命令将二维面域拉伸成三维实体，在创建二维面域时主要用到了矩形、圆、差集等命令，具体的操作步骤如下：

Step 01　单击选中坐标系并按住坐标原点将其拖动到拉伸实体的一个边的中点处，如图 10-79 所示。

Step 02　在命令行输入 box（长方体）并按空格键，以点(-54,-28,0)为长方体的第一个角点，以(@108,28,-58)为长方体的另一个角点，如图 10-80 所示。

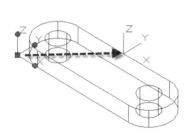

图 10-79

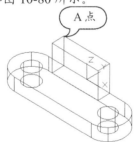

图 10-80

Step 03　重复绘制长方体，捕捉图 10-80 中的 A 点，然后输入相对坐标(@108,114,-30)，如图 10-81 所示。

Step 04　选择"工具"→"新建 UCS"→"Z"菜单命令，将坐标系统 Z 轴旋转-90°，如图 10-82 所示。

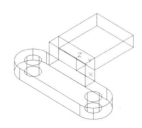

图 10-81

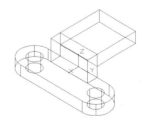

图 10-82

Step 05　在命令行输入 we（楔体）并按空格键，以点(28,-15,0)为楔体的一个角点，再输入另一个角点(@52,30,58)作为楔体的另个一角点，如图 10-83 所示。

Step 06　在命令行输入 cyl（圆柱体）并按空格键，捕捉长方体底边的中点作为圆柱体的底面中心，如图 10-84 所示。

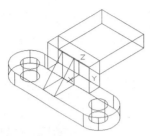

图 10-83

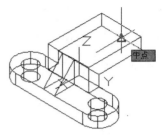

图 10-84

Step 07 然后输入底面半径为 54, 圆柱体高度为 50, 创建的圆柱体效果如图 10-85 所示。

Step 08 重复步骤 6~7, 绘制一个与步骤 7 同心的圆柱体, 底面半径为 34, 高度为 50, 效果如图 10-86 所示。

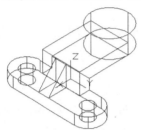

图 10-85

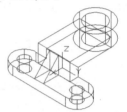

图 10-86

Step 09 选择"修改"→"实体编辑"→"并集"菜单命令, 选择除小圆柱体外的所有对象, 按【Enter】键确定, 如图 10-87 所示。

Step 10 选择"修改"→"实体编辑"→"差集"菜单命令, 先选择步骤 9 并集后的对象, 然后按【Enter】键确定, 如图 10-88 所示。

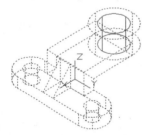

图 10-87

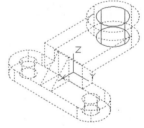

图 10-88

Step 11 然后选择小圆柱体为减去对象, 按【Enter】键确定, 如图 10-89 所示。

Step 12 选择"视图"→"视觉样式"→"概念"菜单命令, 完成后的效果如图 10-90 所示。

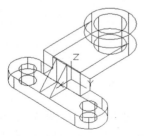

图 10-89

图 10-90

第11章
编辑三维图形

三维模型创建完成后，还可以在现有的三维模型基础上进行编辑，创建更加复杂的模型，例如布尔运算、三维边编辑、三维面编辑和三维体编辑等操作，本章就来介绍三维实体模型的编辑。

视频文件：光盘\视频演示\CH11
视频时间：25 分钟

11.1 三维操作

三维旋转、三维镜像和三维对齐操作命令是对三维对象进行整体的编辑，下面来具体讲解这些三维整体编辑命令。

11.1.1 三维旋转

三维旋转是将三维实体模型绕指定的轴进行旋转，通过三维旋转小控件可以指定 X 轴、Y 轴、Z 轴为旋转轴进行指定角度的旋转。

命令调用方法如下。

- 菜单命令："修改" → "三维操作" → "三维旋转"。
- "常用"选项卡："修改"面板→◎按钮。
- 命令：3r（3drotate）+空格键。

三维旋转的具体操作步骤如下：

原始文件：Sample\原始文件\ch11\三维旋转.dwg
最终文件：Sample\结果文件\ch11\三维旋转.dwg

Step 01 打开随书光盘原始文件，在命令行输入 3r 并按空格键，在绘图窗口中选取要进行旋转的对象，如图 11-1 所示。

Step 02 在旋转小控件上选择旋转轴为 Z 轴，如图 11-2 所示。

图 11-1

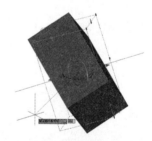

图 11-2

Step 03 然后指定旋转角度为120°，如图 11-3 所示。

Step 04 程序自动将选取的对象按照指定的旋转轴和旋转角度进行旋转，结果如图 11-4 所示。

图 11-3

图 11-4

提示：旋转轴

旋转图标与 UCS 图标相对应，红色表示 X 轴，绿色表示 Y 轴，蓝色表示 Z 轴。

11.1.2 三维对齐

三维对齐是将选取的实体按照指定的 3 个点来进行点对点对齐。

命令调用方法如下。

- 菜单命令："修改"→"三维操作"→"三维对齐"。
- "常用"选项卡："修改"面板→ 按钮。
- 命令：3al（3dalign）+空格键。

三维对齐的具体操作步骤如下：

原始文件：Sample\原始文件\ch11\三维对齐.dwg

最终文件：Sample\结果文件\ch11\三维对齐.dwg

Step 01 打开随书光盘原始文件，调用"三维对齐"命令，在绘图窗口中选取要进行对齐的对象，并按空格键确定，如图 11-5 所示。

Step 02 然后观察对齐点，以便使对象对齐，如图 11-6 所示。

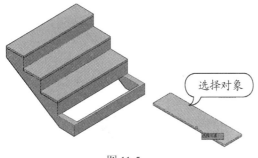

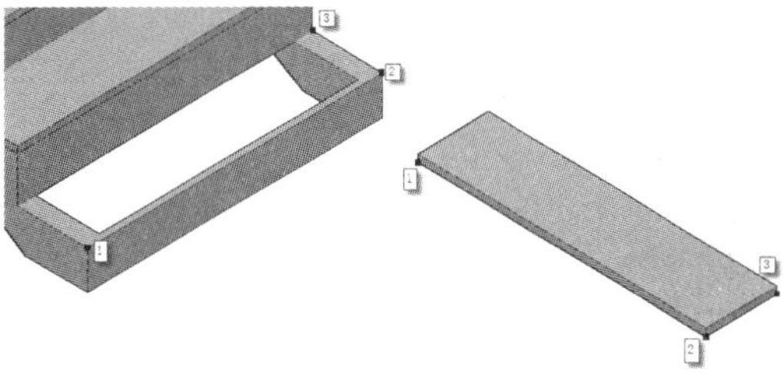

图 11-5

图 11-6

Step 03 在木板上依次选择与阶梯吻合的 3 个三维顶点为基准点，如图 11-7 所示。

Step 04 基点选择完毕后，根据提示依次选择步骤 2 标注的楼梯上的 3 个点，结果如图 11-8 所示。

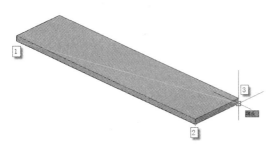

图 11-7

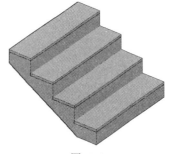

图 11-8

11.1.3　三维镜像

　　三维镜像是将三维实体模型按照指定的平面进行对称复制，选择的镜像平面可以是对象的面、三点创建的面，也可以是坐标系的 3 个基准平面。三维镜像与二维镜像的区别在于，二维镜像是以直线为镜像参考，而三维镜像则是以平面为镜像参考。

　　命令调用方法如下。

- 菜单命令："修改" → "三维操作" → "三维镜像"。
- "常用"选项卡："修改"面板→ 按钮。
- 命令：mirror3d+空格键。

　　三维镜像的具体操作步骤如下：

原始文件： Sample\原始文件\ch11\三维镜像.dwg
最终文件： Sample\结果文件\ch11\三维镜像.dwg

Step 01　打开随书光盘原始文件，调用"三维镜像"命令，在绘图窗口中选择三维镜像对象，并按空格键确定选择，如图 11-9 所示。

Step 02　接着在三维对象镜像基面中依次指定 3 个三维顶点（三点不可以共线），如图 11-10 所示。

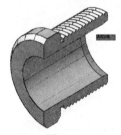

图 11-9

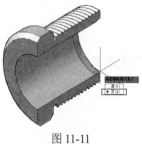

图 11-10

Step 03　程序提示是否删除源对象，选择 N 选项不删除源对象，如图 11-11 所示。

Step 04　镜像完成后，最终结果如图 11-12 所示。

图 11-11

图 11-12

提示：三维移动和三维阵列

　　二维操作中的移动、阵列与三维移动和三维阵列操作的效果相同，用户采用二维的方法进行操作即可。

11.2 布尔运算

布尔运算用来处理多个实体或多个面域之间的组合关系，通过布尔运算可以创建更加复杂的三维模型。布尔运算包括并集、差集和交集。

11.2.1 并集

并集可以将三维实体模型或二维面域进行合并，合并后多个实体组合成一个对象。

命令调用方法如下。

● 菜单命令："修改"→"实体编辑"→"并集"。

● "常用"选项卡："实体编辑"面板→◎ 按钮。

● 命令：uni（union）+空格键。

并集的具体操作步骤如下：

原始文件：Sample\原始文件\ch11\并集.dwg

最终文件：Sample\结果文件\ch11\并集.dwg

Step 01 打开随书光盘原始文件，如图 11-13 所示。

Step 02 调用"并集"命令，在绘图窗口中框选整个图形为并集的对象，按空格键确定选择，程序自动将选择的对象进行合并，结果如图 11-14 所示。

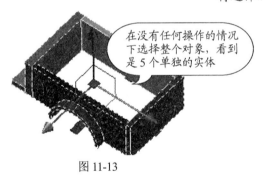

在没有任何操作的情况下选择整个对象，看到是 5 个单独的实体

图 11-13

将鼠标停留在并集后的对象上，提示该对象为一个单独的实体

三维实体
颜色　ByLayer
图层　dim
线型　ByLayer

图 11-14

11.2.2 交集

交集是将两个相交实体或面域中相交的部分进行保留，移除其余的实体，从而生成一个新的实体。

命令调用方法如下。

● 菜单命令："修改"→"实体编辑"→"交集"。

● "常用"选项卡："实体编辑"面板→◎ 按钮。

● 命令：in（intersect）+空格键。

交集的具体操作步骤如下：

原始文件：Sample\原始文件\ch11\交集.dwg

最终文件：Sample\结果文件\ch11\交集.dwg

Step 01 打开随书光盘原始文件，如图 11-15 所示。

Step 02 调用"交集"命令，在绘图窗口中选择要交集的两个对象A和B，如图 11-16 所示。

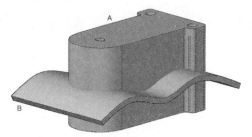

图 11-15

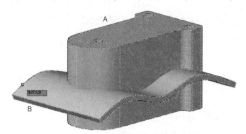

图 11-16

Step 03 按空格键结束交集命令，完成后的效果如图 11-17 所示。

图 11-17

11.2.3 差集

差集是从一个重叠集中减去一个或多个现有的三维实体（或面域），从而创建一个新的三维实体（或面域）。在选择对象时，第一个对象为要从中减去实体的目标对象，第二个对象为要减去的对象。

命令调用方法如下。

● 菜单命令："修改"→"实体编辑"→"差集"。

● "常用"选项卡："实体编辑"面板→◎按钮。

● 命令：su（subtract）+空格键。

差集的具体操作步骤如下：

原始文件：Sample\原始文件\ch11\差集.dwg
最终文件：Sample\结果文件\ch11\差集.dwg

Step 01 打开随书光盘原始文件，对象 A 与对象 B 相交，如图 11-18 所示。

Step 02 调用"差集"命令，若想要减去对象 B，则先选择对象 A，按空格键确定，如图 11-19 所示。

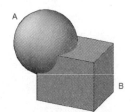

图 11-18

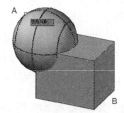

图 11-19

Step 03 接着选取对象 B，按空格键确定后结果如图 11-20 所示。

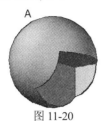

图 11-20

Step 04 若要从 B 中减去对象 A，则在开始时要先选择对象 B，再选择对象 A，最后移除结果如图 11-21 所示。

图 11-21

11.3 三维实体编辑——边

实体边的编辑包括"压印"、"圆角边"、"倒角边"、"着色边"、"复制边"，选项卡中的命令一般隐藏在下拉菜单中，如图 11-22 和图 11-23 所示，下面具体讲解这些编辑应如何操作。

图 11-22

图 11-23

11.3.1 压印

通过"压印"命令可以压印三维实体或曲面上的二维几何图形，从而在平面上创建其他边。被压印的对象必须与选定对象的一个或多个面相交，才可以完成压印。

命令调用方法如下。

● 菜单命令："修改"→"实体编辑"→"压印"。

● "常用"选项卡："实体编辑"面板→⬚按钮。

● 命令：imprint+空格键。

压印的具体操作步骤如下：

原始文件：Sample\原始文件\ch11\压印边.dwg

最终文件：Sample\结果文件\ch11\压印边.dwg

Step 01 打开随书光盘原始文件，如图 11-24 所示。

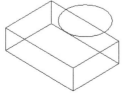

图 11-24

Step 02 调用"压印"命令，在绘图窗口中选择三维实体面对象，如图 11-25 所示。

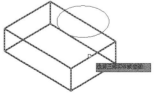

图 11-25

Step 03 然后选择要压印的对象，如图 11-26 所示。

Step 04 程序会提示是否删除源对象，然后输入 Y，如图 11-27 所示。

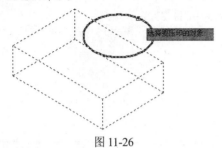

图 11-26

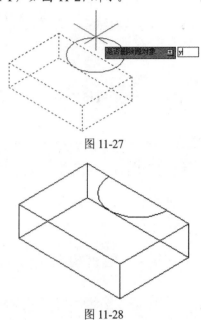

图 11-27

Step 05 按空格键结束命令，完成后的压印效果如图 11-28 所示。

图 11-28

11.3.2 圆角边

圆角边是从 AutoCAD 2011 版本开始新增的功能，它可以对三维实体或三维曲面的边进行倒圆角操作。

命令调用方法如下。

- 菜单命令："修改"→"实体编辑"→"圆角边"。
- "实体"选项卡："实体编辑"面板→🔘按钮。
- 命令：filletedge+空格键。

圆角边的具体操作步骤如下：

原始文件：Sample\原始文件\ch11\圆角边.dwg
最终文件：Sample\结果文件\ch11\圆角边.dwg

Step 01 打开随书光盘原始文件，如图 11-29 所示。

Step 02 调用"圆角边"命令，在绘图窗口中选择需要圆角的边，如图 11-30 所示。

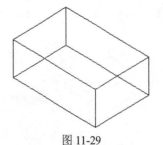

图 11-29

图 11-30

Step 03 按空格键确定选择，输入 R，然后输入半径"5"，如图 11-31 所示。

Step 04 按空格键结束命令，完成后的效果如图 11-32 所示。

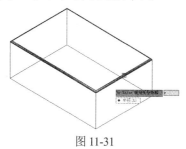

图 11-31

图 11-32

11.3.3 倒角边

倒角边是从 AutoCAD 2011 版本开始新增的功能，它可以对三维实体或三维曲面的边进行倒角操作。

命令调用方法如下。

● 菜单命令："修改"→"实体编辑"→"倒角边"。

● "实体"选项卡："实体编辑"面板→ 按钮。

● 命令：fchamferdge+空格键。

倒角边的具体操作步骤如下：

原始文件：Sample\原始文件\ch11\倒角边.dwg

最终文件：Sample\结果文件\ch11\倒角边.dwg

Step 01 打开随书光盘原始文件，如图 11-33 所示。

Step 02 调用"倒角边"命令，在绘图窗口中选择实体的一条边，如图 11-34 所示。

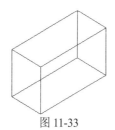

图 11-33

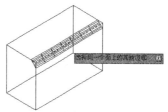

图 11-34

Step 03 按空格键确定选择，然后输入 D（距离）选项，如图 11-35 所示。

Step 04 输入第一个倒角边距离为 4，如图 11-36 所示。

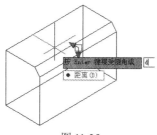

图 11-35

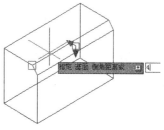

图 11-36

Step 05 按空格键确定，再次输入第二个倒角边距离为 2，如图 11-37 所示。

Step 06 按空格键结束命令，完成后的倒角边效果如图 11-38 所示。

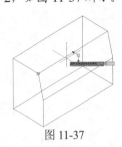

图 11-37

图 11-38

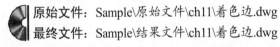

11.3.4 着色边

着色边是通过选择要着色的边，然后在"选择颜色"对话框中更改"颜色"特性来修改三维对象上边的颜色。

命令调用方法如下。

- 菜单命令："修改"→"实体编辑"→"着色边"。
- "实体"选项卡："实体编辑"面板→ 按钮。
- 命令：solidedit+空格键（输入 e，再选择 L 进行着色操作）。

着色边的具体操作步骤如下：

原始文件：Sample\原始文件\ch11\着色边.dwg

最终文件：Sample\结果文件\ch11\着色边.dwg

Step 01 打开随书光盘原始文件，如图 11-39 所示。

Step 02 调用"着色边"命令，在绘图窗口中选择实体的一条边，如图 11-40 所示。

图 11-39

图 11-40

Step 03 按空格键确定，在"选择颜色"对话框中选择一种颜色（红色），然后单击"确定"按钮，如图 11-41 所示。

Step 04 按空格键结束命令，完成的着色边效果如图 11-42 所示。

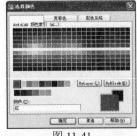

图 11-41

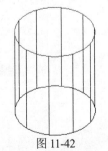

图 11-42

11.3.5　复制边

"复制边"命令可以像二维复制命令那样对几何实体上的边进行复制操作。

命令调用方法如下。

- 菜单命令："修改"→"实体编辑"→"复制边"。
- "实体"选项卡："实体编辑"面板→按钮。
- 命令：solidedit+空格键（输入 e，再选择 c 进行复制操作）。

复制边的具体操作步骤如下：

原始文件：Sample\原始文件\ch11\复制边.dwg

最终文件：Sample\结果文件\ch11\复制边.dwg

Step 01　打开随书光盘原始文件，如图 11-43 所示。

Step 02　调用"复制边"命令，在绘图窗口中选择实体的 4 条边，如图 11-44 所示。

图 11-43

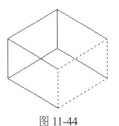

图 11-44

Step 03　按空格键确定，然后指定基点，如图 11-45 所示。

Step 04　然后拖动鼠标指定第二点，结果如图 11-46 所示。

图 11-45

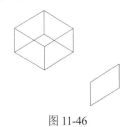

图 11-46

11.4　三维实体编辑——面

在 AutoCAD 2013 中不仅可以对三维实体的边进行编辑，同样可以对三维实体的面进行编辑。三维面的编辑包括拉伸面、移动面、旋转面、复制面等操作（如果该命令不在当前面板，则需要单击下拉列表选取，如图 11-47 所示）。

图 11-47

11.4.1 拉伸面

拉伸面是将现有三维实体模型上的面进行拉伸，用户可以指定拉伸距离和拉伸角度。

命令调用方法如下。

● 菜单命令："修改" → "实体编辑" → "拉伸面"。

● "常用"选项卡："实体编辑"面板→ 按钮。

● 命令：solidedit+空格键（输入 f，再选择 e 进行拉伸操作）。

拉伸面的具体操作步骤如下：

原始文件：Sample\原始文件\ch11\拉伸面.dwg

最终文件：Sample\结果文件\ch11\拉伸面.dwg

Step 01 打开随书光盘原始文件，调用"拉伸面"命令，在绘图窗口中选择要进行拉伸的面，如图 11-48 所示。

Step 02 按空格键确定，然后输入拉伸高度为 3，如图 11-49 所示。

图 11-48

图 11-49

Step 03 按空格键确定，然后输入拉伸的倾斜角度为 0，如图 11-50 所示。

Step 04 按空格键结束命令，完成后的效果如图 11-51 所示。

图 11-50

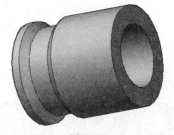

图 11-51

11.4.2 移动面

移动面是将选取的实体面从一个点移动到另一个点，移动后的面将具有原来面的属性。

命令调用方法如下。

● 菜单命令："修改" → "实体编辑" → "移动面"。

● "常用"选项卡："实体编辑"面板→ 按钮。

● 命令：solidedit+空格键（输入 f，选择 m）。

移动面的具体操作步骤如下：

原始文件：Sample\原始文件\ch11\移动面.dwg
最终文件：Sample\结果文件\ch11\移动面.dwg

Step 01 打开文件，调用"移动面"命令，然后在绘图窗口中选择要移动的面，如图 11-52 所示。

Step 02 按空格键确定，然后以圆心为移动面的基点，如图 11-53 所示。

图 11-52

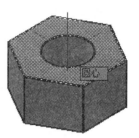

图 11-53

Step 03 确定移动基点后指定位移第二点，如图 11-54 所示。

Step 04 根据命令行提示输入拉伸倾斜角度为 0，完成后按【Esc】键退出命令，结果如图 11-55 所示。

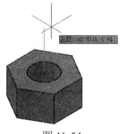

图 11-54

图 11-55

提示：移动面的技巧

移动的如果是表面，可以将表面向上或向下拉伸；移动的如果是内部孔，可以将孔移动到实体的其他位置，也可以将孔移动到实体外将孔删除。

11.4.3　偏移面

偏移面是将实体中的面按照指定的距离进行偏移，偏移后的面将继承实体的特征属性。命令调用方法如下。

● 菜单命令："修改"→"实体编辑"→"偏移面"。

● "常用"选项卡："实体编辑"面板→按钮。

● 命令：solidedit+空格键（输入 f，选择 o）。

偏移面的具体操作步骤如下：

原始文件：Sample\原始文件\ch11\偏移面.dwg
最终文件：Sample\结果文件\ch11\偏移面.dwg

Step 01 打开随书光盘原始文件，如图 11-56 所示。

Step 02 调用"偏移面"命令，在绘图窗口中选择要偏移的面，如图 11-57 所示。

图 11-56

图 11-57

Step 03 按空格键确定，然后输入偏移距离为"30"，如图 11-58 所示。

Step 04 按空格键结束命令，完成后的效果如图 11-59 所示。

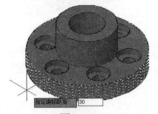

图 11-58

图 11-59

提示：偏移面和实体的区别

如果偏移面是实体轴，则正偏移值使得轴变大；如果偏移面是一个孔，正的偏移值将使得孔变小。因为正偏移值将最终使实体体积变大；反之，负偏移值使实体体积变小。

11.4.4 删除面

删除面是将实体上的特征面进行删除，特征面可以是圆角面、斜角面。在删除面时可以一次选择多个面进行删除。

命令调用方法如下。

- 菜单命令："修改"→"实体编辑"→"删除面"。
- "常用"选项卡："实体编辑"面板→ 按钮。
- 命令：solidedit+空格键（输入 f，选择 d）。

删除面的具体操作步骤如下：

原始文件：Sample\原始文件\ch11\删除面.dwg
最终文件：Sample\结果文件\ch11\删除面.dwg

Step 01 打开随书光盘原始文件，调用"删除面"命令，在绘图窗口中选择要删除的面，如图 11-60 所示。

Step 02 按空格键结束命令，完成后的效果如图 11-61 所示。

图 11-60

图 11-61

11.4.5　旋 转 面

旋转面是将实体中的面绕坐标轴进行旋转，选取的面旋转后将继承实体的特性。

命令调用方法如下。

● 菜单命令："修改"→"实体编辑"→"旋转面"。

● "常用"选项卡："实体编辑"面板→ 按钮。

● 命令：solidedit+空格键（输入 f，选择 r）。

旋转面的具体操作步骤如下：

 原始文件：Sample\原始文件\ch11\旋转面.dwg

最终文件：Sample\结果文件\ch11\旋转面.dwg

Step 01 打开随书光盘原始文件，如图 11-62 所示。

Step 02 调用"旋转面"命令，在绘图窗口中选择要进行旋转的面，按空格键确认，如图 11-63 所示。

图 11-62

图 11-63

Step 03 然后在绘图窗口中以圆心为旋转轴上的第一点，如图 11-64 所示。

Step 04 在绘图窗口中指定旋转轴上的第二点，按空格键确定，然后输入旋转角度为 20，如图 11-65 所示。

图 11-64

图 11-65

Step 05 按空格键结束命令，完成后的效果如图 11-66 所示。

图 11-66

11.4.6 倾斜面

倾斜面是将实体的表面按照指定的角度进行倾斜。使用倾斜面的时候需要指定一个倾斜轴，然后程序自动按照指定的倾斜轴和倾斜角度将选取的面进行倾斜。

命令调用方法如下。

- 菜单命令："修改" → "实体编辑" → "倾斜面"。
- "常用"选项卡："实体编辑"面板→⬝按钮。
- 命令：solidedit+空格键（输入 f，选择 t）。

倾斜面的具体操作步骤如下：

原始文件：Sample\原始文件\ch11\倾斜面.dwg
最终文件：Sample\结果文件\ch11\倾斜面.dwg

Step 01 打开随书光盘原始文件，如图 11-67 所示。

Step 02 调用"倾斜面"命令，在绘图窗口中选择要进行倾斜的面，如图 11-68 所示。

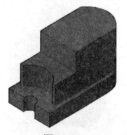

图 11-67

图 11-68

Step 03 按空格键确定，然后以中点为倾斜轴的第一点，如图 11-69 所示。

Step 04 然后指定倾斜轴的第二点，如图 11-70 所示。

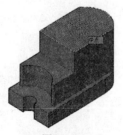

图 11-69

图 11-70

Step 05 按空格键确定，然后输入倾斜角度为 15，如图 11-71 所示。

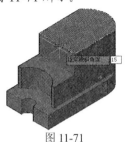

图 11-71

Step 06 按空格键结束命令，完成后的效果如图 11-72 所示。

图 11-72

11.4.7 着色面

一般情况下，三维模型是单色显示的，并以实体模型为单位进行着色显示。着色面可以将实体模型上的单个面进行着色显示，且不会改变实体模型其他面原来的颜色。

命令调用方法如下。

● 菜单命令："修改"→"实体编辑"→"着色面"。

● "常用"选项卡："实体编辑"面板→ 按钮。

● 命令：solidedit+空格键（输入 f，选择 L）。

着色面的具体操作步骤如下：

 原始文件： Sample\原始文件\ch11\着色面.dwg

最终文件： Sample\结果文件\ch11\着色面.dwg

Step 01 打开随书光盘原始文件，如图 11-73 所示。

图 11-73

Step 02 调用"着色面"命令，在绘图窗口中选择要进行着色的面，如图 11-74 所示。

图 11-74

Step 03 按空格键确定，在"选择颜色"对话框中选择一种颜色（红色），然后单击"确定"按钮，如图 11-75 所示。

图 11-75

Step 04 按空格键结束命令，完成后的效果如图 11-76 所示。

图 11-76

11.4.8　复制面

复制面是将三维实体模型中的面进行复制，复制的面是没有高度的，相当于一个面域，复制面将继承原来对象的特性。

命令调用方法如下。

● 菜单命令："修改"→"实体编辑"→"复制面"。

● "常用"选项卡："实体编辑"面板→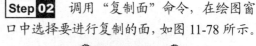按钮。

● 命令：solidedit+空格键（输入 f，选择 c）。

复制面的具体操作步骤如下：

原始文件：Sample\原始文件\ch11\复制面.dwg

最终文件：Sample\结果文件\ch11\复制面.dwg

Step 01　打开随书光盘原始文件，如图 11-77 所示。

Step 02　调用"复制面"命令，在绘图窗口中选择要进行复制的面，如图 11-78 所示。

图 11-77

图 11-78

Step 03　按空格键确定，在绘图窗口中以圆心为复制面的基点，如图 11-79 所示。

Step 04　然后指定位移第二点，如图 11-80 所示。

图 11-79

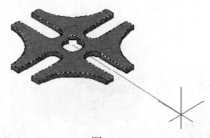

图 11-80

Step 05　按空格键结束命令，完成后的效果如图 11-81 所示。

图 11-81

11.5　三维实体编辑——体

在 AutoCAD 2013 中可以通过三维编辑来对实体模型进行抽壳、加厚、剖切等（如果该命令不在当前面板，则需要单击下拉列表选取，如图 11-82 所示）。

图 11-82

11.5.1　模型抽壳

抽壳是将实体中的面按照一定的厚度抽取薄壁生成壳体，抽壳后的壳体将继承原来对象的形状和特征。

命令调用方法如下。

● 菜单命令："修改"→"实体编辑"→"抽壳"。

● "常用"选项卡："实体编辑"面板→圖按钮。

● 命令：solidedit+空格键（输入 b，选择 s）。

抽壳的具体操作步骤如下：

原始文件：Sample\原始文件\ch11\抽壳.dwg
最终文件：Sample\结果文件\ch11\抽壳.dwg

Step 01　打开随书光盘原始文件，调用"抽壳"命令，选择实体为抽壳对象，如图 11-83 所示。

图 11-83

Step 02　在绘图窗口中单击选择要删除的面，如图 11-84 所示。

图 11-84

Step 03　按空格键确定，然后输入抽壳偏移距离为 5，如图 11-85 所示。

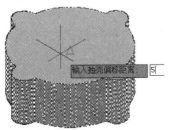

图 11-85

Step 04　按空格键结束命令，完成后的抽壳效果如图 11-86 所示。

图 11-86

11.5.2 模型剖切

剖切是将三维实体模型按照指定的平面分割为两部分，剖切平面可以是任意指定的平面或曲面，也可以是XY、YZ和ZX等基准平面。

命令调用方法如下。

● 菜单命令："修改"→"实体编辑"→"剖切"。

● "常用"选项卡："实体编辑"面板→ 按钮。

● 命令：sl（slice）+空格键。

剖切的具体操作步骤如下：

原始文件：Sample\原始文件\ch11\剖切.dwg

最终文件：Sample\结果文件\ch11\剖切.dwg

Step 01 打开随书光盘原始文件，调用"剖切"命令，在绘图窗口中选择要进行剖切的对象，如图11-87所示。

Step 02 按空格键确定，然后在绘图窗口中依次指定3个圆心作为剖切平面的3个点，如图11-88所示。

图 11-87

图 11-88

Step 03 按空格键确定，程序自动以所选的3点生成的平面对实体进行剖切，如图11-89所示。

Step 04 在需要保留的实体一侧单击，结果如图11-90所示。

图 11-89

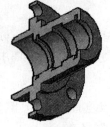

图 11-90

11.5.3 加厚

在AutoCAD 2013中可以通过加厚将曲面变成实体。选择要加厚的曲面，然后输入厚度值即可将选择的曲面进行加厚。

命令调用方法如下。

● 菜单命令："修改"→"实体编辑"→"加厚"。

- "常用"选项卡："实体编辑"面板→按钮。
- 命令：thicken+空格键。

加厚的具体操作步骤如下：

原始文件：Sample\原始文件\ch11\加厚.dwg
最终文件：Sample\结果文件\ch11\加厚.dwg

Step 01 打开随书光盘原始文件，调用"加厚"命令，在绘图窗口中选择要进行加厚的曲面，如图 11-91 所示。

Step 02 按空格键确定，然后输入厚度为 5，如图 11-92 所示。

图 11-91

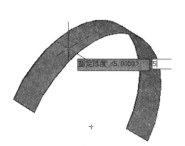

图 11-92

Step 03 按空格键结束命令，完成后的效果如图 11-93 所示。

图 11-93

11.6 实例练习：绘制旗台模型

旗台模型的绘制过程可以分为 3 部分，即旗台的基座部分、旗台的楼梯部分和旗台的旗杆底座。绘制完成后效果如图 11-94 所示。

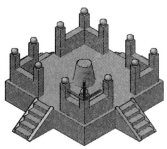

图 11-94

原始文件：无
最终文件：Sample\结果文件\ch11\国旗台.dwg

11.6.1 绘制旗台的基座

绘制旗台的基座主要用到了长方体、球体、并集、复制、阵列等操作命令。具体操作步骤如下：

Step 01 启动 AutoCAD 2013，新建一个图形文件，在命令行中输入 isolines，将值设置为 16，然后选择“视图”→“三维视图”→“西南等轴测”菜单命令，如图 11-95 所示。

后视(K)
西南等轴测(S)
东南等轴测(E)
东北等轴测(N)
西北等轴测(W)

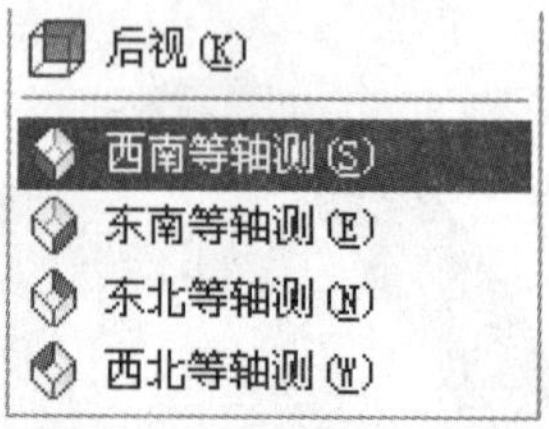

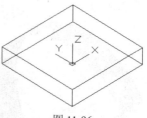

图 11-95

Step 02 在命令行输入 box（长方体）并按空格键，在绘图窗口中输入(-25,-25,0)和(@50,50,10)为第一个角点、第二个角点，结果如图 11-96 所示。

Z
Y
X

图 11-96

Step 03 重复步骤 2，绘制 3 个长方体，每个长方体的角点如图 11-97 中所标注。

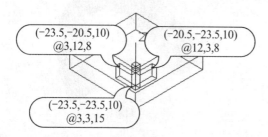

(-23.5,-20.5,10)
@3,12,8
(-20.5,-23.5,10)
@12,3,8
(-23.5,-23.5,10)
@3,3,15

图 11-97

Step 04 选择“绘图”→“建模”→“球体”菜单命令，以(-22,-22,26.5)为中心点，绘制一个半径为 1.5 的球体，完成后的效果如图 11-98 所示。

Z
Y
X

图 11-98

Step 05 在命令行输入 uni（并集）并按空格键，在绘图窗口中选择要并集的对象，如图 11-99 所示。

Y
X

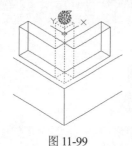

图 11-99

Step 06 在命令行输入 co（复制）并按空格键，选择并集后的实体为复制对象，然后指定基点，如图 11-100 所示。

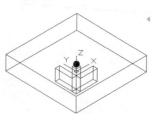

Y
X
三维顶点

图 11-100

Step 07 在绘图窗口中指定第二点，如图 11-101 所示。

Step 08 重复“复制”命令，将选择的对象再复制一次，完成的复制效果如图 11-102 所示。

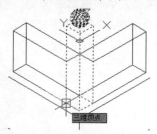

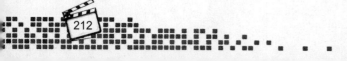

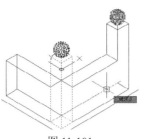

图 11-101

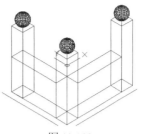

图 11-102

Step 09　在命令行输入 uni 并按空格键，然后在绘图窗口中选择要并集的对象，如图 11-103 所示。

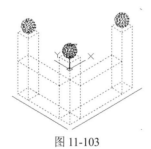

图 11-103

Step 10　选择"修改"→"阵列"→"环形阵列"菜单命令，选择并集后的实体为阵列对象，以(0,0)为阵列的中心点，阵列设置及完成后的结果如图 11-104 所示。

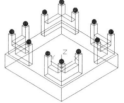

图 11-104

11.6.2　绘制旗台的楼梯

绘制旗台的楼梯主要用到了三维多段线、拉伸、楔体、阵列等操作命令。具体操作步骤如下：

Step 01　选择"绘图"→"三维多段线"菜单命令，命令行提示如下：

```
命令:_3dpoly
指定多段线的起点:-4,-25,0
指定直线的端点或 [放弃(U)]: @0,0,10
指定直线的端点或 [放弃(U)]: @0,-3,0
指定直线的端点或 [闭合(C)/放弃(U)]: @0,0,-2
指定直线的端点或 [闭合(C)/放弃(U)]: @0,-3,0
指定直线的端点或 [闭合(C)/放弃(U)]: @0,0,-2
指定直线的端点或 [闭合(C)/放弃(U)]: @0,-3,0
指定直线的端点或 [闭合(C)/放弃(U)]: @0,0,-2
指定直线的端点或 [闭合(C)/放弃(U)]: @0,-3,0
指定直线的端点或 [闭合(C)/放弃(U)]: @0,0,-2
指定直线的端点或 [闭合(C)/放弃(U)]: @0,-3,0
指定直线的端点或 [闭合(C)/放弃(U)]: @0,0,-2
指定直线的端点或 [闭合(C)/放弃(U)]: c
```

Step 03　在命令行输入 UCS，将坐标系绕 X 轴旋转 90°，命令行提示如下：

Step 02　三维多段线绘制完成后，结果如图 11-105 所示。

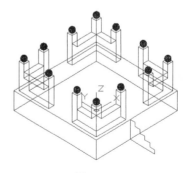

图 11-105

Step 04　在命令行输入 ext（拉伸）并按空格键，选择绘制的三维多段线为拉伸对象，然后输入拉伸高度为 8，结果如图 11-106 所示。

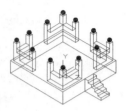

图 11-106

```
命令: ucs
当前 UCS 名称: *世界*
指定 UCS 的原点或 [面(F)/……/X/Y/Z/Z 轴(ZA)] <世界>: x
指定绕 X 轴的旋转角度 <90>: 90
```

Step 05 在命令行输入 UCS 先返回世坐标系，然后将坐标系沿 Z 轴方向旋转-90°，命令行提示如下：

Step 06 在命令行输入 we（楔体）并按空格键，在绘图窗口中以 (25,-4,0)、(@15,-1.5,11)为楔体的第一个角点和第二个角点，结果如图 11-107 所示。

```
命令: ucs  当前 UCS 名称: *没有名称*
指定 UCS 的原点或 [面(F)/……/世界(W)/X/Y/Z/Z 轴(ZA)] <
世界>:  // 按"空格"键返回世界坐标系
命令: ucs   当前 UCS 名称: *世界*
指定 UCS 的原点或 [面(F)/……/世界(W)/X/Y/Z/Z 轴(ZA)] <
世界>: z
指定绕 Z 轴的旋转角度 <90>: -90
```

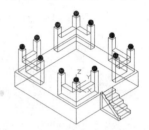

图 11-107

Step 07 在命令行输入 mi（镜像）并按空格键，在绘图窗口选择要镜像的对象，并按空格键确定，如图 11-108 所示。

Step 08 然后以(25,0)、(@40,0)为镜像线的第一点、第二点，选择不删除源对象，镜像结果如图 11-109 所示。

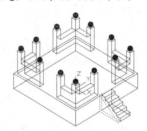

图 11-108

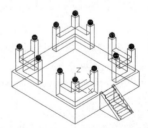

图 11-109

Step 09 在命令行输入 uni 并按空格键，在绘图窗口选择要并集的对象，如图 11-110 所示。

Step 10 选择"修改"→"阵列"→"环形阵列"菜单命令，选择并集后的实体为阵列对象，以(0,0)为阵列中心，阵列设置及阵列后的结果如图 11-111 所示。

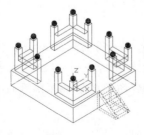

图 11-110

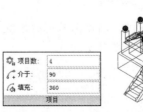

图 11-111

11.6.3　绘制旗台的旗杆底座

绘制旗台的旗杆底座主要用到了圆和拉伸操作命令。具体操作步骤如下：

Step 01　将坐标系切换到世界坐标系，然后在命令行输入 c（圆）并按空格键，以 (0,0,10) 为圆心，绘制一个半径为 5 的圆，结果如图 11-112 所示。

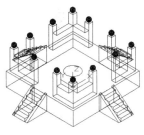

图 11-112

Step 02　在命令行输入 ext 并按空格键，命令行提示如下：

```
命令：_extrude
当前线框密度： ISOLINES=16，闭合轮廓创建模式 = 实体
选择要拉伸的对象或 [模式(MO)]：
//选择上步绘制的圆
选择要拉伸的对象或 [模式(MO)]：
//按"空格"键确定
指定拉伸的高度或 [方向(D)/……/表达式(E)] <10.0000>：t
指定拉伸的倾斜角度或 [表达式(E)] <10>：10
指定拉伸的高度或 [方向(D)/……/表达式(E)] <10.0000>：10
```

Step 03　拉伸完成后结果如图 11-113 所示。

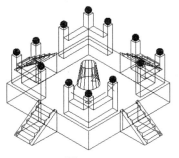

图 11-113

Step 04　在命令行输入 uni 并按空格键，将所有的实体合并在一起，最后把视觉样式改为"灰度"，结果如图 11-114 所示。

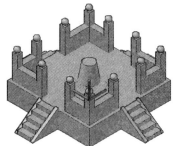

图 11-114

第 **12** 章
布局与视图

"布局"选项卡是 AutoCAD 2013 的新增功能，也是 AutoCAD 的一个重大改进。通过"布局"选项卡，用户可以将创建好的三维图形直接转换成需要的二维图形。

视频文件：光盘\视频演示\CH12
视频时间：16 分钟

12.1 "布局"选项卡的界面

"布局"选项卡主要由布局、布局视口、创建视图、修改视图、更新、样式和标准 6 个面板组成,如图 12-1 所示。

图 12-1

"布局"选项卡各面板的功能及含义如下。

- "布局"面板:用于创建布局。新建按钮包括两个选项,即"新建布局"和"从样板"模式创建布局。
- "布局视口"面板:只有在"布局"模式下才可以使用。关于"模型"和"布局"模式的切换请参见 1.2 节图 1-23 界面的指示。
- "创建视图"面板:在布局模式下才可以使用,包含基础、投影、截面和局部 4 个选项,该面板各选项功能参见 12.2 节。
- "修改视图"面板:用于编辑和修改视图,该面板各选项的功能参见 12.3 节。
- "更新"面板:该面板主要用来当三维图形发生更改时,创建的视图能随之更改。该面板有两个选项,即自动更新和通过选择来更新所需要的视图。该面板的具体使用参见 12.4 节。
- "样式和标准"面板:该面板主要用来设置界面视图样式和局部视图样式,具体设置参见 12.5 节。

12.2 创建基础视图

"创建视图"面板主要用来从三维图形创建二维图形,该面板不仅可以创建基础视图,还可以通过创建的二维基础视图生成其他需要的视图、剖面图以及局部视图。

12.2.1 命令行设置生成视图样式

导入三维模型的途径有两种,即"从模型空间"和"从 Inventor"。单击"基础"按钮的下拉列表显示这两种方法,如图 12-2 所示。

选择"从模型空间"创建基础视图,AutoCAD 提示如下:

图 12-2

```
命令: _VIEWBASE
指定模型源 [模型空间(M)/文件(F)] <模型空间>: _M
选择对象或 [整个模型(E)] <整个模型>:
选择对象或 [整个模型(E)] <整个模型>:
输入要为当前的新的或现有布局名称或 [?] <布局 1>:
恢复缓存的视口 - 正在重生成布局。
类型 = 基础和投影   隐藏线 = 可见线和隐藏线   比例 = 1:4
指定基础视图的位置或 [类型(T)选择(E)/方向(O)/隐藏线(H)/比例(S)/可见性(V)] <类型>:
```

命令行各选项的含义如下。

- "指定模型源"选项：如果模型空间有图形，则选择该图形创建基础视图；如果模型空间没有图形，则弹出"选择文件"对话框，如图 12-3 所示。

图 12-3

- "布局名称"选项：用户可以创建一个新的布局来放置将要创建的二维图形，或者使用已有的布局来放置二维图形。

- "类型（T）"选项：指定在创建基础视图后是退出命令还是继续创建投影视图。选择该选项后，有两个选项可供选择："仅基础（B）"、"基础和投影（P）"。如果选择"仅基础"，创建完基础视图后即退出，但仍可通过"布局"选项卡的其他功能创建投影视图或其他剖视图等。如果选择"基础和投影"，则创建完基础视图后还可以创建基础视图的投影视图。

- "选择（E）"选项：输入 E 后，AutoCAD 提供了 3 个选项，即"删除（R）"、"整个模型（E）"、"布局（LAY）"。

- "方向（O）"选项：输入 O 后，AutoCAD 将提示用户选择 11 种视图中的一种，即当前视图、俯视图、仰视图、前视图、后视图、左视图、右视图、西南等轴测、东南等轴测、西北等轴测和东北等轴测。实际工作中最常用的二维基础视图有前视图、俯视图和左视图。

- "隐藏线（H）"选项：控制生成的二维图形的视觉样式，输入 H 后有 4 个选项可供用户选择，即"可见线（V）"、"可见线和隐藏线（I）"、"带可见线着色（S）"、"带可见线和隐藏线着色（H）"。图 12-4～图 12-7 所示分别为 4 种视觉样式的显示效果。

图 12-4

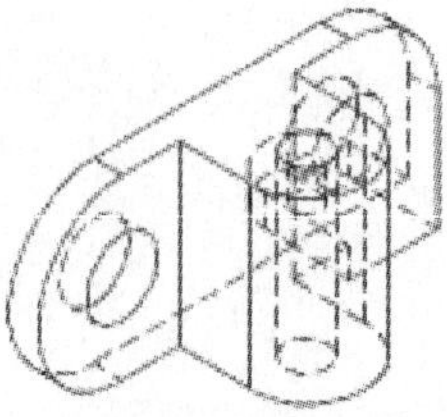

图 12-5

图 12-6

图 12-7

- "比例（S）"选项：指定要用于基础视图的绝对比例，从此视图自动导出的投影视图继承指定的比例。
- "可见性（V）"选项：显示要为基础视图设置的可见性选项。对象可见性选项是特定于模型的，某些选项在选定的模型中可能不可用。输入 V 后有 5 个选项可供用户选择，即"干涉边（I）"、"相切边（TA）"、"折弯范围（B）"、"螺纹特征（TH）"、"表达视图（P）"。

12.2.2 选项卡设置生成视图样式

导入"三维模型"之后，除了在命令行设置生成视图样式外，AutoCAD 弹出的"工程视图创建"选项卡也可以进行设置。"工程视图创建"选项卡如图 12-8 所示。

图 12-8

各选项按钮的含义如下。

- "模型空间选择"选项：单击切换到模型空间，可以添加或删除三维对象，相当于命令行"选择（E）"的功能。
- "方向"面板：单击下拉列表的 ▼ 按钮，弹出 11 种视图，如图 12-9 所示。该功能和命令行的"方向（O）"选项的功能相同。
- "隐藏线"选项：单击下拉按钮，将显示视觉样式的 4 种类型，如图 12-10 所示。该功能和命令行的"隐藏线（H）"选项的功能相同。
- "比例"选项：单击下拉按钮，将弹出各种常用比例，如图 12-11 所示。该选项的功能和命令行的"比例（S）"选项的功能相同。
- "边可见性"选项：单击下拉按钮，将弹出边可见性的各种类型，如图 12-12 所示。该选项功能和命令行的"可见性（V）"选项的功能相同，某些选项在选定的模型中可能不可用。
- "移动"选项：视图生成之后，如果对视图的放置位置不满意，单击该按钮，可以调整视图的放置位置。
- ✔✘选项：完成或取消视图创建过程并关闭"工程视图创建"选项卡。

图 12-9   图 12-10   图 12-11   图 12-12

12.3　由基础视图生成其他视图

基础视图创建后，"布局"选项卡的选项按钮将变得全部可用，根据基础视图可以生成其他视图的投影、截面图、局部视图等。

12.3.1　由基础视图生成投影视图

由基础视图生成投影视图非常简单，只需要选中基础视图，然后拖动鼠标在基础视图的投影方向上单击，即可得到该方向上的投影视图。

调用投影视图的主要方法有：

● 选择"布局"选项卡→"创建视图"面板→"投影"按钮🔲。

● 在命令行输入 viewproj 并按【Enter】键。

打开随书光盘原始文件"12-1.dwg"，如图 12-13 所示，先生成基础视图，然后使用"投影视图"创建右视图和俯视图，结果如图 12-16 所示。具体操作步骤如下：

Step 01　打开随书光盘原始文件"12-1.dwg"，选择"布局"选项卡→"创建视图"面板→"基础"→"从模型空间"选项，然后选择整个模型，如图 12-13 所示。

Step 02　当命令行提示创建布局时按【Enter】键，接受默认的布局 1，然后在布局 1 适当的位置放置基础视图，按【Enter】键退出基础视图的创建，结果如图 12-14 所示。

图 12-13

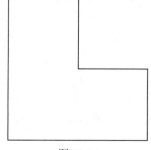

图 12-14

技术点拨：其他视图的生成

> 如果创建视图时在命令行设置的类型为"仅基础视图"，创建完基础视图后则自动退出。如果选择的类型为"基础视图和投影"，则创建完基础视图后可以继续创建其他视图。我们这里为了介绍"投影"功能，所以创建完基础视图后直接退出了。在创建视图时，单击"隐藏线"按钮，选择"可见线"选项。

Step 03　选择"布局"选项卡→"创建视图"面板→"投影"按钮🔲，然后选择步骤 2 中创建的基础视图为父视图，向左侧拖动鼠标，即从右侧投影生成右视图，如图 12-15 所示。

Step 04　在合适的位置单击生成右视图，继续向下拖动鼠标在合适的位置单击生成俯视图，向左下角拖动鼠标并单击生成三维图形，结果如图 12-16 所示。

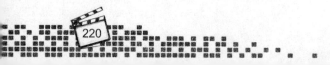

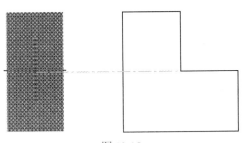

图 12-15

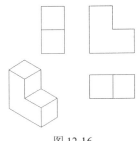

图 12-16

技术点拨：投影视图的其他调用方法

选中父视图后，在绘图区域右击，在弹出的
快捷菜单中也可以调用"投影视图"。此方法不仅
可以调用"投影视图"，还可以调用"截面视图"、
"局部视图"、"编辑视图"和"更新视图"等命令，
如图 12-17 所示。

图 12-17

12.3.2　截面视图样式管理器

在创建截面视图之前，首先设置自己习惯的视图样式。

调用截面视图样式命令的方法主要有：

- 选择"布局"选项卡→"样式和标准"面板>"截面视图样式"按钮 🔧。
- 在命令行输入 viewsectionstyle 并按【Enter】键。

单击 🔧 按钮，弹出"截面视图样式管理器"对话框，如图 12-18 所示。

"截面视图样式管理器"对话框中各选项的含义如下。

- 样式：列出了当前所有创建的标注样式，其中 Metric50 是 AutoCAD 2013 固有的截面
  样式。
- 置为当前：在"样式"列表中选择一项，然后单击该按钮，将会以选择的样式为当前
  样式进行剖切。
- 新建：单击该按钮，弹出"创建截面视图注样式"对话框。
- 修改：单击该按钮，将弹出"修改截面视图样式"对话框，如图 12-19 所示。

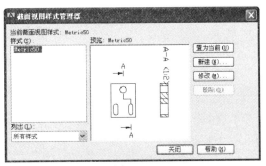

图 12-18

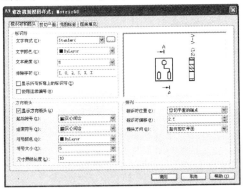

图 12-19

● 删除：删除"样式"列表中的样式，但是 Metric50 和已经按某种样式创建了截面视图的样式不能删除。

1. 标识符和箭头

"标识符和箭头"选项卡用于设置标识符、文字箭头以及排列的样式。

（1）标识符

在"标识符"选项区域中可以设置文字的样式、颜色、高度以及排除字符等，如图 12-20 所示。

图 12-20

● "文字样式"下拉列表框：单击下拉按钮可以选择已创建的文字样式。

● "文字颜色"下拉列表框：用于设置文字的颜色。

● "文本高度"下拉列表框：如果所选的文字样式在文字样式管理器中高度设置为 0，这里可以给文字指定高度；如果文字样式管理器中设置了高度，这里将不可用。

● "排除字符"文本框：为了区别字母和某些数值混淆，这里排除了一些作为标识符的字符。

● "显示所有折弯上的标识符"复选框：勾选该复选框后，将在所有折弯上显示剖切线标识符，如图 12-21 所示。

● "使用连续编号"复选框：勾选该复选框后，使用连续字母为端点和折弯命名，如图 12-22 所示。

"显示所有折弯上的标识符"和"使用连续编号"两个复选框都勾选的效果如图 12-23 所示。

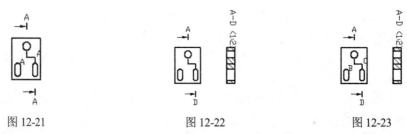

图 12-21   图 12-22   图 12-23

（2）方向箭头

在"方向箭头"选项区域中可以设置起始符号、结束符号的箭头样式、颜色、大小以及尺寸线长度等，如图 12-24 所示。

● "显示方向箭头"复选框：取消勾选该复选框，下面箭头的所有设置将不起作用，截面视图上也不再显示方向箭头，如图 12-25 所示。

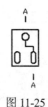

图 12-24   图 11-25

- "起始符号"下拉列表框：用于设置起始箭头的样式。
- "结束符号"下拉列表框：用于设置结束箭头的样式。
- "符号颜色"下拉列表框：控制符号箭头的显示颜色。
- "符号大小"下拉列表框：控制箭头的大小。
- "尺寸界线长度"调整框：控制箭头端线的长度。

（3）排列

在"排列"选项区域主要控制标识符的位置、偏移量，以及箭头的指向，如图 12-26 所示。

- "标识符位置"下拉列表框：用于控制标识符字母放置的位置。
- "标识符偏移"调整框：控制标识符字母与剖切线之间的距离。
- "箭头方向"下拉列表框：可以选择指向剪切平面还是远离剪切平面，默认是指向剪切平面，图 12-27 所示为远离剪切平面。

图 12-26   图 12-27

2．剪切平面

"剪切平面"选项卡主要用于控制端线、折弯线以及剖切平面线的颜色、线型和线宽等。

（1）端线和折弯线

在"端线和折弯线"选项区域中可以设置线的颜色、线型、线宽以及端线的长度、偏移量等，如图 12-28 所示。

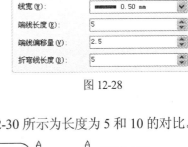

- "显示端线和折弯线"复选框：只有勾选了该复选框，下面的设置才有意义；如果不勾选该复选框，显示如图 12-29 所示。
- "线颜色"下拉列表框：用于设置线的颜色。
- "线型"下拉列表框：用于设置线的类型。
- "线宽"下拉列表框：用于设置线的宽度。

图 12-28

- "端线长度"调节框：用于控制端线的长度，图 12-30 所示为长度为 5 和 10 的对比。

图 12-29   图 12-30

- "端线偏移量"调节框：用于控制端线偏移剖切图形的距离，图 12-31 所示为偏移量为 2.5 和 5 时的对比。
- "折弯线长度"调节框：用于控制折弯线的长度，图 12-32 所示为长度为 2.5 和 5 的对比。

图 12-31 　　　　　　　　　　　　　　图 12-32

（2）剖切平面线

"剖切平面线"选项区域如图 12-33 所示，主要用于控制剖切平面线的颜色、线型和线宽。

- "显示剖切平面线"复选框：取消勾选该复选框，下面箭头的所有设置将不起作用，截面视图上也不显示剖切平面线，勾选后显示如图 12-34 所示。

图 12-33

图 12-34

- "线颜色"下拉列表框：用于设置剖切平面线的颜色。
- "线型"下拉列表框：用于设置剖切平面线的线型。
- "线宽"下拉列表框：用于设置剖切平面线的线宽。

3. 视图标签

"视图标签"选项卡主要用于设置剖切标签的文字样式、颜色、高度以及剖切标签在剖切视图中的位置。如图 12-35 所示。

- "显示视图标签"复选框：只有勾选了该复选框，下面的设置才有意义；如果不勾选该复选框，显示如图 12-36 所示。
- "文字样式"下拉列表框：单击下拉按钮可以选择已创建的文字样式。
- "文字颜色"下拉列表框：用于设置文字的颜色。

图 12-35

- "文本高度"下拉列表框：如果所选的文字样式在文字样式管理器中高度设置为 0，这里可以给文字指定高度；如果文字样式管理器中设置了高度，这里将不可用。
- "位置"下拉列表框：可以设置标签位于剖视图之上，也可以设置位于剖视图之下，如图 12-37 所示。
- "相对于视图的距离"调节框：用于调整标签和剖视图之间的距离。

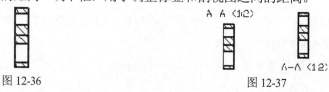

图 12-36 　　　　　　　　　　图 12-37

4. 图案填充

"图案填充"选项卡用于设置剖面线的图案、颜色、比例以及角度等，如图 12-38 所示。"图案填充"各选项的含义和 5.3 节所讲的内容相同，这里不再赘述。

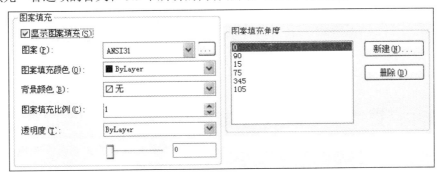

图 12-38

12.3.3 由基础视图生成截面视图

对于具有内部复杂结构的图形，除了基本投影视图外，还需要从某个截面进行剖切创建截面视图。截面视图有"全剖"、"半剖"、"阶梯剖"、"旋转剖"和"从对象"等几种。

1. 全剖

选择"布局"选项卡→"创建视图"面板→"截面"下拉列表→"全剖"按钮，即可调用全剖命令。

打开随书附带的光盘文件"12-2.dwg"，如图 12-39 所示，使用"截面"创建全剖视图，结果如图 12-42 所示。具体操作步骤如下：

Step 01 打开随书附带的光盘文件"12-2.dwg"，单击"布局"选项卡→"创建视图"面板→"截面"→"全剖"按钮，然后选择父视图，如图 12-39 所示。

Step 02 指定剖切的起始位置，如图 12-40 所示。

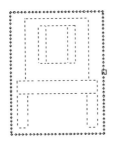

图 12-39

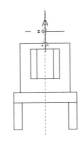

12-40

Step 03 拖动鼠标指定剖切的结束位置，如图 12-41 所示。

Step 04 按【Enter】键确定剖切位置后拖动鼠标指定剖切视图的放置位置，然后再按【Enter】键确定剖切视图的放置位置，结果如图 12-42 所示。

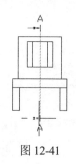

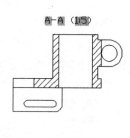

图 12-41   图 12-42

技术点拨：截面视图的生成条件

> 生成截面视图之前首先要有基础视图，即要有生成截面视图的父视图。同理，生成投影视图和局部视图之前也要首先先生成基础视图。

2. 半剖

选择"布局"选项卡→"创建视图"面板→"截面"下拉列表→"半剖"按钮，即可调用半剖命令。

打开随书附带的光盘文件"12-3.dwg"，如图 12-43 所示，使用"截面"创建半剖视图，结果如图 12-46 所示。具体操作步骤如下：

Step 01 打开随书附带的光盘文件"12-3.dwg"，单击"布局"选项卡→"创建视图"面板→"截面"→"半剖"按钮，然后选择父视图，如图 12-43 所示。

Step 02 指定剖切的起始位置，如图 12-44 所示。

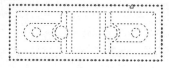

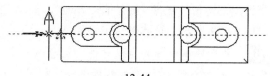

图 12-43   12-44

Step 03 拖动鼠标指定半剖的位置，如图 12-45 所示，然后继续拖动鼠标指定剖切的结束位置。

Step 04 按【Enter】键确定剖切位置后拖动鼠标指定剖切视图的放置位置，然后再按【Enter】键确定剖切视图的放置位置，结果如图 12-46 所示。

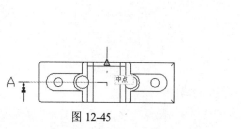

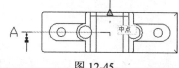

图 12-45   图 12-46

3. 阶梯剖

选择"布局"选项卡→"创建视图"面板→"截面"下拉列表→"阶梯剖"按钮，即可调用阶梯剖命令。

打开随书附带的光盘文件"12-4.dwg"，如图 12-47 所示，使用"截面"创建阶梯剖视图，结果如图 12-50 所示。具体操作步骤如下：

Step 01 打开随书附带的光盘文件"12-4.dwg"，单击"布局"选项卡→"创建视图"面板→"截面"→"阶梯剖"按钮，然后选择父视图，如图 12-47 所示。

Step 02 指定剖切的起始位置，如图 12-48 所示。

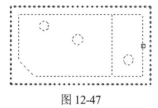

图 12-47

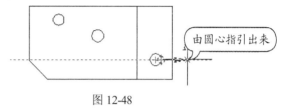

由圆心指引出来

图 12-48

Step 03 拖动鼠标指定阶梯剖的位置，通过对象捕捉和对象捕捉追踪捕捉使得剖切线通过各个圆心，如图 12-49 所示。

Step 04 按【Enter】键确定剖切位置后拖动鼠标指定剖切视图的放置位置，然后再按【Enter】键确定剖切视图的放置位置，结果如图 12-50 所示。

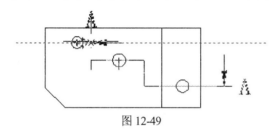

图 12-49

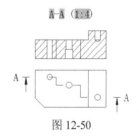

图 12-50

12.3.4　局部视图样式管理器

在创建局部视图之前，首先设置自己习惯的视图样式。

调用局部视图样式命令的方法主要有：

● 选择"布局"选项卡→"样式和标准"面板→"局部视图样式"按钮。

● 在命令行输入 viewdetailstyle 并按【Enter】键。

单击按钮，弹出"局部视图样式管理器"对话框，如图 12-51 所示。

"局部视图样式管理器"对话框中各选项的含义与"截面视图样式管理器"的相同，单击"修改"按钮，弹出"修改局部视图样式"对话框，如图 12-52 所示。

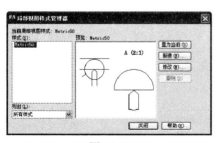

图 12-51

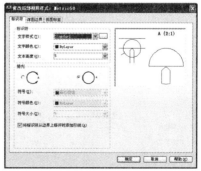

图 12-52

1．标识符

"标识符"选项卡主要由"标识符"和"排列"选项区域组成，其中"标识符"选项区域的含义和"截面视图样式"中的相似，这里不再赘述。

在"排列"选项区域中可以控制标识符的放置位置，以及标识符移开时是否添加引线，如图 12-53 所示。

标识符有两种放置形式：一种是放置在局部视图边界上的间隙中，即图 12-53 中的 选项；另一种是将标识放置在局部视图边界的外部，即图 12-53 中的 选项。只有选择 选项时，下面的"符号"、"符号颜色"、"符号大小"选项才可以用。两种放置形式的的对比如图 12-54 所示。

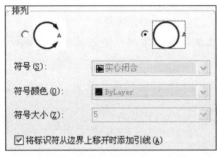

图 12-53

放置在局部视图边界的间隙中

放置在局部视图边界的外部

图 12-54

2．详图边界

"详图边界"选项卡主要由"边界线"、"模型边"和"连接线"几个选项区域组成，其中"边界线"和"连接线"主要用于控制线的颜色、线型和线宽，这里不再赘述。我们主要介绍"模型边"选项区域。

"模型边"选项区域主要用于控制局部视图中剪切线的显示形式以及剪切线的颜色、线型和线宽，如图 12-55 所示。

- "平滑"单选按钮：将局部视图中的剪切线设置为平滑，显示如图 12-56 所示。
- "平滑带边框"单选按钮：显示围绕局部视图的边框，并将局部视图中显示的剪切线设置为平滑，显示如图 12-56 所示。
- "平滑带连接线"单选按钮：显示详图边界和局部视图之间的连接线。此外，显示围绕局部视图的边框，并将局部视图中显示的剪切线设置为平滑，只有选择了该选项，"连接线"选项区域的设置才起作用，显示如图 12-56 所示。

"锯齿状"单选按钮：将局部视图中的剪切线设置为锯齿状，显示如图 12-56 所示。

图 12-55

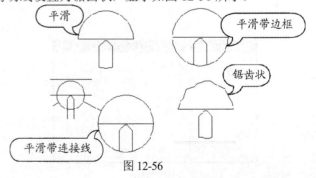

平滑

平滑带边框

锯齿状

平滑带连接线

图 12-56

3．视图标签

"视图标签"选项卡主要用于设置局部视图标签的文字样式、颜色、高度以及标签在剖局部视图中的位置，各选项的含义和"截面视图样式管理器"中的内容相同，这里不再赘述。

12.3.5　局部视图

对于尺寸比较大的图形，很多细节部分反映得并不明显，这需要通过局部视图来将它放大，以显示其结构。

选择"布局"选项卡→"创建视图"面板→"局部"按钮，即可调用局部命令。

打开随书附带的光盘文件"12-5.dwg"，如图 12-57 所示，使用"局部"创建全剖视图，结果如图 12-60 所示。具体操作步骤如下：

Step 01 打开随书附带的光盘文件"12-5.dwg"，单击"布局"选项卡→"创建视图"面板>"局部"按钮，然后选择父视图，如图 12-57 所示。

Step 02 在弹出的"局部视图创建"选项卡中将比例改为 2:1，如图 12-58 所示。

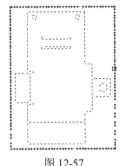

图 12-57　　　　　　　　　　　　　　　　12-58

Step 03 在图中需要局部放大的位置单击并拖动鼠标，将要放大的部分圈在圆内，如图 12-59 所示。

Step 04 按【Enter】键确定剖切位置后拖动鼠标指定剖切视图的放置位置，然后再按【Enter】键确定剖切视图的放置位置，结果如图 12-60 所示。

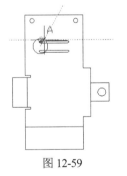
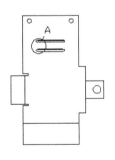

图 12-59　　　　　　　　　　　　图 12-60

技术点拨：局部放大比例

　　细心的读者会发现放大两倍的图形明显要比父视图中两倍大得多，这是因为由模型生成基础视图时 AutoCAD 还有一个比例。本例中基础视图的生成比例为 1:5，也就是在生成基础视图时实际上已经将图形的实际绘制大小进行了缩小，而局部图则是在实际绘制尺寸大小的基础上进行了放大，即本例中局部放大针对基础视图实际放大倍数为 5 × 2=10。

12.3.6　更新视图

　　更新视图的方法有两种，一种是"自动更新"，一种是"更新视图"。当"自动更新"按钮处于激活状态时，对模型视图所做的任何修改都直接在生成的二维视图上直接更新。当"自动更新"按钮没被选中时，可以单击"更新视图"按钮来手动更新，而且"更新视图"有两个选项，即"更新选定的视图"和"更新所有的视图"。"自动更新"更方便快捷，而"更新视图"更灵活。

　　选择"布局"选项卡→"更新"面板→"自动更新"按钮，即可调用"自动更新"命令。

　　选择"布局"选项卡→"更新"面板→"更新视图"按钮或更新"所有视图"按钮，即可手动更新图形。

　　打开随书附带的光盘文件"12-6.dwg"，如图 12-61 所示，使用"自动更新"当模型变化时更新二维视图，结果如图 12-65 所示。具体操作步骤如下：

Step 01　打开随书附带的光盘文件"12-6.dwg"，如图 12-61 所示。

Step 02　单击绘图窗口底部的"模型"选项卡，将视图切换到模型窗口，如图 12-62 所示。

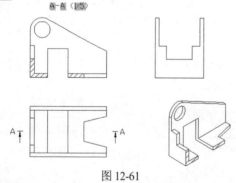

图 12-61

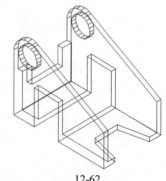

12-62

Step 03　选择"修改"→"实体编辑"→"圆角边"菜单命令，AutoCAD 提示如下：

```
命令：_FILLETEDGE     半径 = 1.0000
选择边或 [链(C)/环(L)/半径(R)]: r
输入圆角半径或 [表达式(E)] <1.0000>: 10
选择边或 [链(C)/环(L)/半径(R)]:
...

已选定 10 个边用于圆角。             //选择需要圆角的10条边
按 Enter 键接受圆角或 [半径(R)]:      //按【Enter】键结束命令
```

结果如图 12-63 所示。

Step 04　单击绘图窗底部的"布局 1"，将视图重新切换到布局窗口，这时可以看到视图的 4 个角都有红色的边框标记，说明模型有更新而二维视图还没有更新，如图 12-64 所示。

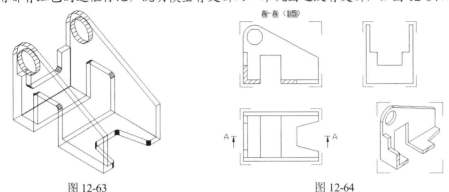

图 12-63　　　　　　　　　　　　　　　　图 12-64

Step 05　单击"布局"选项卡→"更新"面板→"自动更新"按钮，二维视图进行了更新，结果如图 12-65 所示。

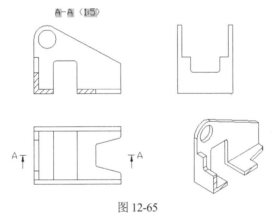

图 12-65

技术点拨：关于自动更新

如果"自动更新"按钮一直处于激活状态，则本例中没有步骤 4 的显示，直接生成步骤 5 的结果图。

12.4　切换图形视角

为了方便用户，AutoCAD 2013 在由三维模型生成二维图形时提供了两种视角，即第一视角和第三视角。切换视角的方法如下：

单击"布局"选项卡→"标准和样式"面板右下角的箭头，弹出如图 12-66 所示的"绘图标准"对话框。在该对话框中不仅可以选择视角类型，还可以选择螺纹的显示样式。

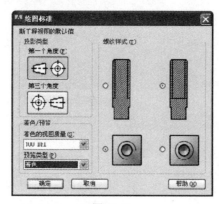

图 12-66

图 12-67 所示为第一视角显示时的视图对应关系，图 12-68 所示为第三视角显示时的视图关系。

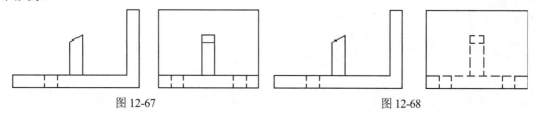

图 12-67   图 12-68

第 13 章
绘制箱体三视图与打印

　　箱体类零件是构成机器部件的主要零件之一，由于其内部要安装其他零件，因而形状较为复杂。

　　在机械制图中，箱体结构所采用视图较多，除基本视图外，还常使用辅助视图、剖面图和局部视图等。在绘制箱体类零件图时，用户应考虑合理的作图步骤，使整个绘制工作有序进行，从而提高绘图效率。

　　视频文件：光盘\视频演示\CH13
　　视频时间：130 分钟

13.1　箱体设计

箱体是机械设计中常见的结构之一，本节主要介绍箱体设计的一些基本情况。

13.1.1　箱体的作用和分类

箱体的主要作用是保护和密封，此外箱体也起支撑各种传动零件的作用，如齿轮、轴、轴承等。

箱体按功能可分为 3 类：传动箱体、支架箱体和泵阀箱体。传动箱体常见的有减速器、汽车变速箱等，支架箱体常见的有机床的支座、立柱等，泵阀箱体常见的有齿轮泵的泵体、液压阀的阀体等。

箱体最常用的制造方法是铸造，常用的铸造材料有铸铁、铸钢、铸铝等，本例用的材料就是铸铁（HT150）。

13.1.2　箱体的结构设计

首先由箱体内部零件及内部零件之间的相互关系确定箱体的形状和尺寸，然后根据设计经验或设计手册等资料确定箱体的壁厚、孔、凸台和筋板等。

箱体的壁厚、孔、凸台和筋板等具体设置如下。

1．壁厚

壁厚可根据尺寸当量（N）选取，尺寸当量（N）的计算公式如下：

$$N=(2L+B+H)/3\,000$$

公式中的字母代表铸件的长、宽、高。其中，最大的那个值定为长度，即 L。

常用铸造材料的壁厚如表 13-1 所示。

表 13-1　铸造箱体的壁厚

当量尺寸 N	箱体材料			
	灰铸铁	铸钢	铸铝合金	铸铜
0.3	6	10	4	6
0.75	8	10～15	5	8
1	10	15～20	6	—
1.5	12	20～25	8	—
2	16	25～30	10	—
3	20	30～35	≥12	—
4	24	35～40	—	—

提示：壁厚列表说明

① 此表为砂型铸造数据。
② 球墨铸铁、可锻铸铁壁厚按灰铸铁壁厚减小 20%。

2．孔和凸台

箱体壁上的开孔会降低箱体的刚度，刚度的降低程度与孔的面积大小成正比。在箱壁上与孔中心线垂直的端面处附加凸台，可以增加箱体局部的刚度，同时减少加工面。

提示：孔和凸台的设计经验谈

从机加工角度考虑，当单件小批量生产时，箱体内壁和外壁位于同一轴线上的孔的大小应相等；当成批大量生产时，外壁上的孔应大于内壁上的孔径，这有利于刀具的进入和退出。

当凸台直径 D 与孔径 d 的比值 $D/d \leqslant 2$ 和壁厚 t 与凸台高度 h 的比值 $t/h \leqslant 2$ 时，刚度增加较大；比值大于 2 以后，效果不明显。如因设计需要，凸台高度加大时，为了改善凸台的局部刚度，可在适当位置增设局部加强筋。

3．筋板

为改善箱体的刚度，尤其是箱体壁厚的刚度，常在箱壁上增设加强筋。若箱体中有中间短轴或中间支承时，常设置横向筋板。筋板的高度 H 不应超过壁厚 t 的 3～4 倍，超过此值对提高刚度无明显效果。

筋板的尺寸如表 13-2 所示，表中的 t 为筋所在的壁厚。

表 13-2　铸造箱体的筋板尺寸

外表面筋厚	内腔筋厚	筋的高度
$0.8t$	$0.6～0.7t$	$\leqslant 5t$

4．连接和固定

箱体连接处的刚度主要是结合面的变形和位移，它包括结合面的接触变形、连接螺钉的变形和连接部位的局部变形。为了保证连接刚度，应注意以下几个方面的问题：

① 合理设计连接部位的结构，连接部位的结构特点及应用如表 13-3 所示。

② 合理选择连接螺钉的直径和数量，保证结合面的预紧力。为了保证结合面之间的压强，又不使螺钉直径太大，结合面的实际接触面积在允许范围内尽可能减小。

③ 重要结合面表面粗糙度值 R_a 应小于 3.2 μm，接触表面粗糙度值越小，接触刚度越好。

表 13-3　连接部位的结构设计及应用

形　　式	基本结构	特点及应用
翻边式		局部强度和刚度均较高，还可在箱壁内侧或外表面增设加强筋以增大连接部位的刚度。铸造容易，结构简单，占地面积稍大，适用于各种大、中、小型箱体的连接
抓座式		抓座与箱体连接的局部强度、刚度均较差，但铸造简单，节约材料，适用于侧向力小的箱体连接

续表

形　式	基本结构	特点及应用
壁龛式		局部刚度好，若螺钉设在箱体壁上的中性面上，连接凸缘将不会有弯矩作用。外形美观，占地面积小，但铸造难度大，适用于大型箱体的连接

13.2　箱体三视图的绘制思路

绘制箱体三视图的思路是先绘制主视图、俯视图，最后绘制左视图。在绘制俯视图、左视图时需要结合主视图来完成，箱体三视图绘制完成后需要给主视图、俯视图来添加剖面线，最后通过插入图块、标注和文字说明来完成整个图形的绘制。具体绘制思路如表 13-4 所示。

表 13-4　箱体三视图的绘制思路

序　号	绘图方法	结　果	备　注
1	通过直线、偏移、修剪、夹点编辑和更换对象图层等命令绘制箱体主视图的主要结构		绘制水平直线时注意 fro 的应用，偏移和修剪时注意对象的选取
2	利用圆、射线、偏移、修剪等命令绘制俯视图的主要轮廓		注意视图之间的对应关系
3	利用射线、偏移和修剪等命令绘制左视图的轮廓		注意视图之间的对应关系
4	利用射线、样条曲线、修剪、打断和填充等命令完善视图		注意视图之间的对应关系

续表

序　号	绘图方法	结　　果	备　注
5	给图形添加标注，插入图块和书写技术要求	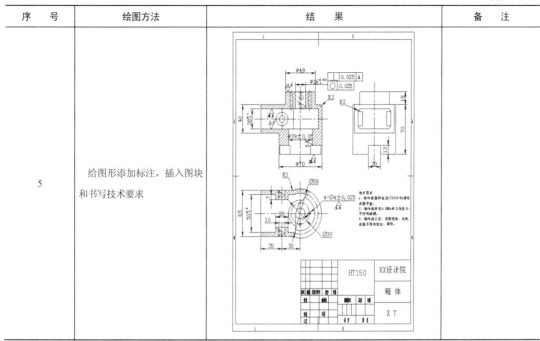	

13.3　箱体三视图的绘制过程

13.2 节介绍了箱体三视图的绘制思路，本节就来介绍三视图的绘制过程。

13.3.1　绘制主视图

一般情况下，主视图是反映图形最多内容的视图，因此，我们先来绘制主视图，然后根据视图之间的相互关系绘制其他视图。

1. 绘制主视图的外形和壁厚

Step 01　新建一个.dwg 文件，在命令行输入 la（图层特性管理器）并按空格键，创建如图 13-1 所示的图层。

Step 02　将"粗实线"层置为当前，在命令行输入 l（直线）并按空格键，绘制一条长度为 108 的竖直直线，如图 13-2 所示。

图 13-1

图 13-2

Step 03 重复步骤2，绘制一条长120的水平直线，命令行提示如下：

```
命令: LINE
指定第一个点: fro 基点:      //捕捉竖直线的上侧端点
<偏移>: @45,-48
指定下一点或 [放弃(U)]: @-120,0
指定下一点或 [放弃(U)]:      //按空格键结束命令
```

提示：关于 fro

fro 命令可以任意假定一个基点为坐标的零点。使用这个命令时必须在输入的坐标前加上一个@，例如(@45,-48),就相当于该点距离假设零点（基点即上侧直线的端点）距离 X 轴方向 45，距离 Y 轴方向-48。

Step 04 绘制完成后结果如图 13-3 所示。

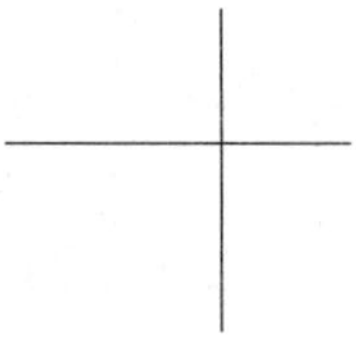

Step 05 输入 o 调用"偏移"命令，将水平直线分别向上偏移 20、38，向下偏移 20、50，结果如图 13-4 所示。

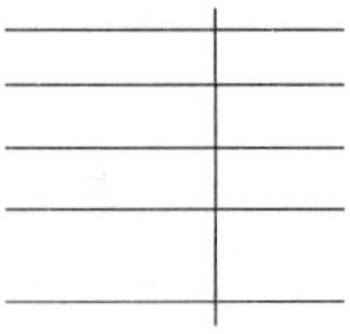

图 13-3

图 13-4

Step 06 继续使用"偏移"命令，以竖直线为偏移对象，向右偏移 24.5、35，向左偏移 24.5、35、65，结果如图 13-5 所示。

Step 07 输入 tr 并按空格键调用"修剪"命令，命令调用后再次按空格键选择所有直线为剪切边，修剪完成后如图 13-6 所示。

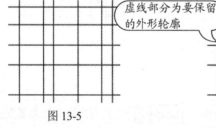

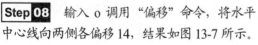

虚线部分为要保留的外形轮廓

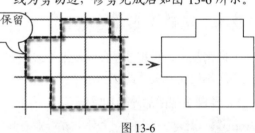

图 13-5

图 13-6

Step 08 输入 o 调用"偏移"命令，将水平中心线向两侧各偏移 14，结果如图 13-7 所示。

Step 09 继续使用"偏移"命令，将竖直线向左偏移 19.5，向右偏移 19.5 和 29，结果如图 13-8 所示。

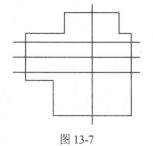

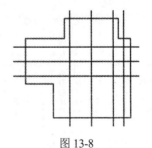

图 13-7

图 13-8

Step 10 输入 tr 调用"修剪"命令，然后在绘图窗口中修剪掉不需要的线段，完成的修剪效果如图 13-9 所示。

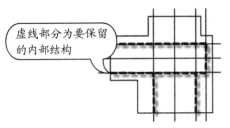

虚线部分为要保留的内部结构

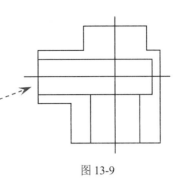

图 13-9

2. 绘制孔和凸台在主视图上的投影

Step 01 输入 o 调用"偏移"命令，将竖直直线向两侧各偏移 8 和 15，结果如图 13-10 所示。

Step 02 输入 tr 调用"修剪"命令，修剪完成后效果如图 13-11 所示。

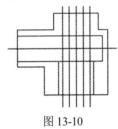

图 13-10

虚线部分为要保留部分

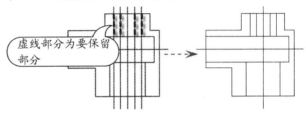

图 13-11

Step 03 选择步骤 1 偏移 15 的直线（此时已修剪）作为偏移对象，每条边分别左右各偏移 2，结果如图 13-12 所示。

Step 04 利用夹点编辑对中间直线进行拉伸，将它们分别向两侧拉伸得到孔的中心线，结果如图 13-13 所示。

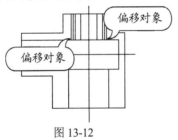

偏移对象

偏移对象

图 13-12

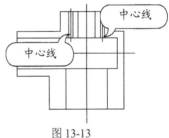

中心线

中心线

图 13-13

Step 05 输入 l 调用"直线"命令，当提示输入第一点时输入 fro，然后捕捉中点作为基点，如图 13-14 所示。

Step 06 接着输入偏移量(@35,16)，再输入(@0,-32)为第二点，绘制凸台的中心线，如图 13-15 所示。

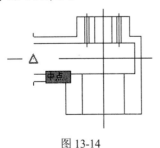

图 13-14

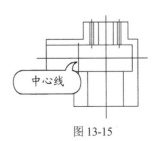

中心线

图 13-15

Step 07 输入 c 调用 "圆" 命令，在绘图窗口中捕捉步骤 6 绘制的直线与水平直线的交点为圆心，绘制两个半径为 5 和 10 的同心圆，结果如图 13-16 所示。

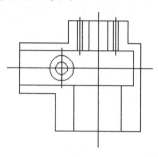

图 13-16

Step 08 在命令行输入 f 调用 "圆角" 命令，当提示选择第一对象时输入 r 选项，然后输入圆角半径 1，按下【Enter】键确定，然后选择需要圆角的边进行圆角，多次圆角后结果如图 13-17 所示。

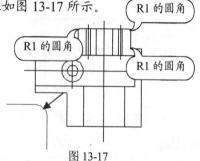

图 13-17

Step 09 继续执行 "圆角" 命令，将圆角半径设置为 3，然后进行圆角，完成的结果如图 13-18 所示。

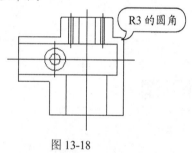

图 13-18

Step 10 选中竖直直线和拉伸的线段，然后单击 "常用" 选项卡→ "图层" 面板，在下拉列表中选中 "中心线" 层，将所选的直线放置到 "中心线" 图层上，结果如图 13-19 所示。

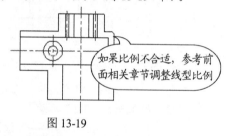

图 13-19

13.3.2 绘制俯视图

主视图绘制结束后，通过主视图和俯视图之间的关系来绘制俯视图。绘制俯视图时，主要用到了直线、圆、偏移、修剪等操作命令。具体操作步骤如下：

1. 绘制俯视图的外形和壁厚

Step 01 选择 "常用" 选项卡→ "图层" 面板，单击图层后面的下拉箭头，在下拉列表中选择 "粗实线" 图层，如图 13-20 所示。

图 13-20

Step 02 在绘图窗口中绘制两条垂直的直线（其中竖直线与主视图竖直中心线对齐，长度为 90，水平线与主视图水平中心线等长），如图 13-21 所示。

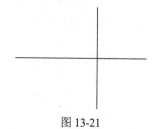

图 13-21

Step 03　输入 c 调用 "圆" 命令，以两条直线的交点为圆心，绘制一个半径为 35 的圆，如图 13-22 所示。

图 13-22

Step 04　继续绘制圆，分别绘制半径为 29、24.5、19.5、8 的同心圆，完成的结果如图 13-23 所示。

图 13-23

Step 05　输入 o 调用 "偏移" 命令，将水平直线向两侧各偏移 26.5，结果如图 13-24 所示。

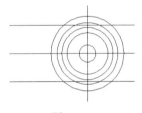

图 13-24

Step 06　继续使用 "偏移" 命令，将水平直线向两侧各偏移 32.5，然后将竖直直线向左偏移 65，结果如图 13-25 所示。

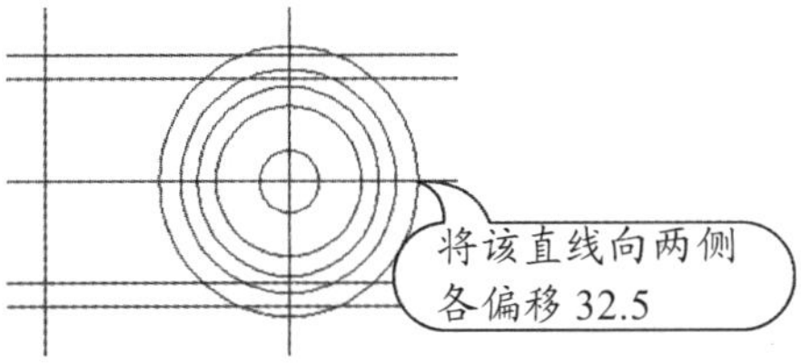

将该直线向两侧各偏移 32.5

图 13-25

Step 07　输入 tr 调用 "修剪" 命令，将图中不需要的直线修剪掉，结果如图 13-26 所示。

虚线部分是要保留的壁厚和端面

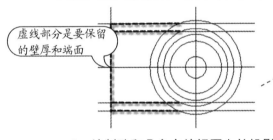

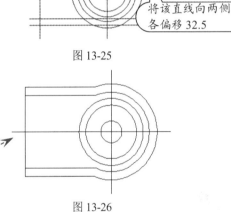

图 13-26

2. 绘制孔和凸台在俯视图上的投影

Step 01　在命令行输入 ray 调用 "射线" 命令，在绘图窗口中以主视图中的圆与水平中心线的交点为起点，绘制一条射线，结果如图 13-27 所示。

Step 02　继续使用 "射线" 命令，完成其他射线的绘制，完成的效果如图 13-28 所示。

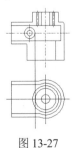

图 13-27

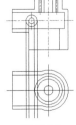

图 13-28

Step 03 输入 o 调用"偏移"命令,将水平直线向两侧各偏移19.5,结果如图13-29所示。

Step 04 输入 tr 调用"修剪"命令,把多余的线段修剪掉,完成后结果如图13-30所示。

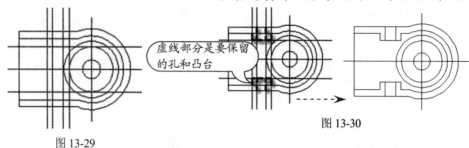

图13-29

图13-30

13.3.3 绘制左视图

主视图和俯视图绘制结束后,下面通过视图关系来绘制左视图。绘制左视图时主要用到了射线、直线、修剪、偏移等命令。

1. 绘制左视图的外形

Step 01 输入 ray 调用"射线"命令,分别以主视图的两个端点为起点绘制两条射线,结果如图13-31所示。

Step 02 输入 l 调用"直线"命令,绘制左视图的竖直中心线,结果如图13-32所示。

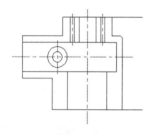

图13-31

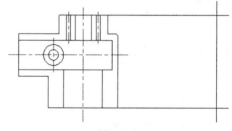

图13-32

Step 03 输入 o 调用"偏移"命令,将上侧的射线向下偏移18,将竖直直线向两侧各偏移24.5和35,结果如图13-33所示。

Step 04 输入 tr 调用"修剪"命令,对图形中多余的线进行修剪,结果如图13-34所示。

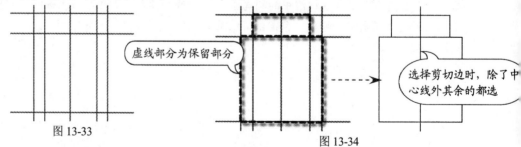

图13-33

图13-34

Step 05 输入 o 调用"偏移"命令,将竖直直线向两侧各偏移26.5和32.5,结果如图13-35所示。

Step 06 继续使用"偏移"命令,将底边水平直线分别向上偏移30、36、64,结果如图13-36所示。

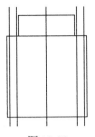

图 13-35

偏移对象

图 13-36

Step 07　输入 tr 调用"修剪"命令，把多余的线段修剪掉，结果如图 13-37 所示。

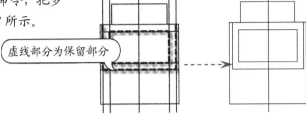

虚线部分为保留部分

图 13-37

2. 绘制凹槽和凸台在左视图上的投影

Step 01　输入 o 调用"偏移"命令，将竖直直线向两侧各偏移 10 和 19.5，将水平直线向上偏移 13，结果如图 13-38 所示。

偏移对象

图 13-38

Step 02　选择"射线"命令，以主视图箱体内凸圆的边为起点，绘制两条射线，结果如图 13-39 所示。

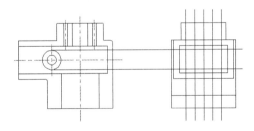

图 13-39

Step 03　输入 tr 调用"修剪"命令，把多余的线段修剪掉，结果如图 13-40 所示。

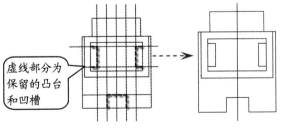

虚线部分为保留的凸台和凹槽

图 13-40

Step 04　在命令行输入 f 并按空格键调用"圆角"命令，根据命令行提示进行如下设置：

```
命令: FILLET
当前设置: 模式 = 修剪，半径 = 0.0000
选择第一个对象或 [放弃(U)/多段线(P)/半径(R)/修剪(T)/多个(M)]: t
输入修剪模式选项 [修剪(T)/不修剪(N)] <修剪>: n
选择第一个对象或 [放弃(U)/多段线(P)/半径(R)/修剪(T)/多个(M)]: r 指定圆角半径 <0.0000>: 1
选择第一个对象或 [放弃(U)/多段线(P)/半径(R)/修剪(T)/多个(M)]:
```

Step 05　设置完成后选择要倒圆角的对象进行修剪，结果如图 13-41 所示。

Step 06　输入 tr 调用修剪命令，把倒圆角处多余的线段修剪掉，完成后如图 13-42 所示。

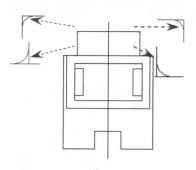

图 13-41

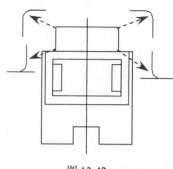

图 13-42

Step 07 调用"圆角"命令，当提示"选择第一个对象"时输入 t，然后输入 t（修剪选项），当再次提示"输入第一对象"时输入 r，并输入圆角半径为 3，然后选择需要圆角的两条边，圆角后效果如图 13-43 所示。

矩形 4 个角全部圆角

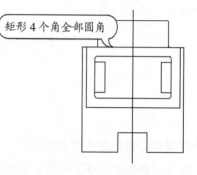

图 13-43

13.3.4 完善三视图

三视图的主要轮廓绘制结束后，通过三视图之间的相互结合来完成视图的细节部分，具体操作步骤如下：

1. 完善主视图

Step 01 输入 o 调用"偏移"命令，将俯视图中的水平直线向两侧各偏移 10，如图 13-44 所示。

Step 02 继续使用"偏移"命令，将主视图中的水平直线向上偏移 13，结果如图 13-45 所示。

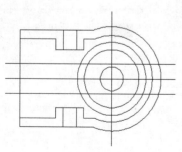

图 13-44

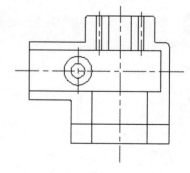

图 13-45

Step 03 在命令行输入 ray 调用"射线"命令，以俯视图中的直线与圆的交点为起点绘制射线，结果如图 13-46 所示。

Step 04 输入 mi 调用"镜像"命令，在绘图窗口中选择两条射线为镜像的对象，然后捕捉中心线的任意两点作为镜像线上的两点，结果如图 13-47 所示。

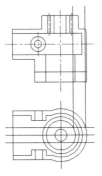

图 13-46

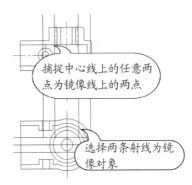

图 13-47

Step 05　输入 tr 调用 "修剪" 命令，把多余的线段修剪掉，结果如图 13-48 所示。

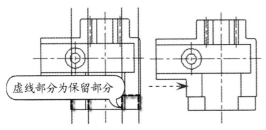

图 13-48

Step 06　输入 ray 调用 "射线" 命令，在俯视图中捕捉交点为射线的起点，绘制一条竖直射线，完成的效果如图 13-49 所示。

图 13-49

Step 07　输入 tr 调用 "修剪" 命令，把刚才绘制的射线的多余部分修剪掉，结果如图 13-50 所示。

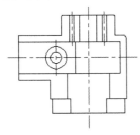

图 13-50

Step 09　然后在绘图窗口中拾取内部点，完成后效果如图 13-52 所示。

Step 08　将 "剖面线" 层切换为当前层，然后输入 h 调用 "图案填充" 命令，在 "图案填充创建" 选项卡下选择 "图案→ANSI31"，然后单击 "拾取点" 按钮，如图 13-51 所示。

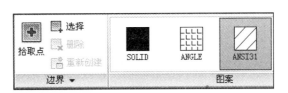

图 13-51

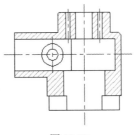

图 13-52

2. 完善俯视图

Step 01 将图层切换到"细点画线"图层，输入 c 调用"圆"命令，以俯视图的圆心为圆心，绘制一个半径为 15 的圆，并将第 1 点步骤 1 偏移的两条直线删除，结果如图 13-53 所示。

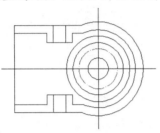

图 13-53

Step 02 将"粗实线"图层切换为当前层，在命令行输入 c 调用"圆"命令，绘制两个半径为 2 的圆，结果如图 13-54 所示。

图 13-54

Step 03 将"细实线"图层切换到当前层，输入 spl 调用"样条曲线"命令，在图形的合适位置绘制一条样条曲线，结果如图 13-55 所示。

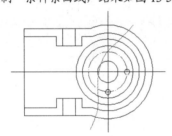

图 13-55

Step 04 输入 tr 调用"修剪"命令，在图形中修剪掉剖开时不可见的部分，结果如图 13-56 所示。

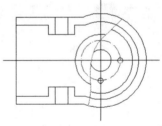

图 13-56

Step 05 选择"常用"选项卡→"修改"面板→"打断于点"命令，在绘图窗口中选择要打断的对象，并捕捉交点为打断点，如图 13-57 所示。

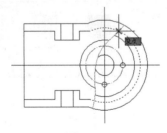

图 13-57

Step 06 重复打断于点操作，在另一处选择打断点，如图 13-58 所示。

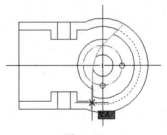

图 13-58

Step 07 选择不可见的部分，然后单击"常用"选项卡→"图层"面板→"虚线"层，结果如图 13-59 所示。

Step 08 输入 f 调用"圆角"命令，输入 r，将圆角半径设置为 3，然后输入 M 进行多处圆角，最后给俯视图进行圆角，结果如图 13-60 所示。

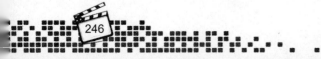

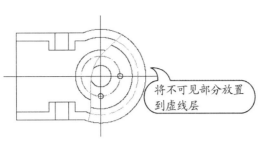

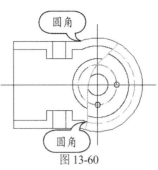

图 13-59　　　　　　　　　　　　图 13-60

Step 09　将"中心线"图层切换到当前层，然后在图形上绘制中心线，并把俯视图和左视图的中心线都放置到"中心线"图层上，结果如图 13-61 所示。

Step 10　将"剖面线"图层切换到当前层，给俯视图进行填充，结果如图 13-62 所示。

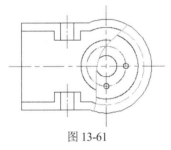

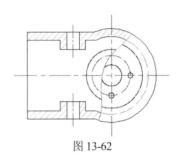

图 13-61　　　　　　　　　　　　图 13-62

13.4　给三视图添加标注和文字

绘制完箱体三视图后，需要给三视图添加标注与文字来完善图形。

13.4.1　添加标注

在箱体三视图绘制完成后，接下来给所绘制的图形添加尺寸标注和形位公差。

1. 给主视图添加标注

Step 01　输入 d 并按空格键，弹出"标注样式管理器"对话框，如图 13-63 所示。

Step 02　单击"修改"按钮，在弹出的对话框中选择"调整"选项卡，将"标注特征比例"选项区域中的"使用全局比例"选项的值改为 2.5，如图 13-64 所示。然后单击"确定"按钮关闭修改对话框，单击"置为当前"按钮，最后单击"关闭"按钮。

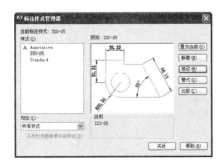

图 13-63

图 13-64

Step 03 将"标注"层切换为当前层，然后输入 multiple 命令并按空格键确定，接着输入 dli 调用"线性标注"命令，在主视图中进行线性标注，结果如图 13-65 所示。

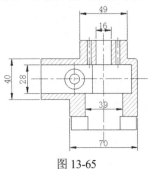

图 13-65

Step 04 标注完成后按【Esc】键退出线性标注，然后在标注"70"上双击，在"文字编辑器"选项卡下选择"符号"→"直径"选项，如图 13-66 所示。

图 13-66

Step 05 然后在绘图窗口的空白处单击，结果如图 13-67 所示。

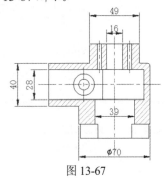

图 13-67

Step 06 重复步骤 4～5，完成其他的标注，完成的效果如图 13-68 所示。

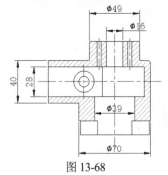

图 13-68

2. 给主视图添加尺寸公差和形位公差

Step 01 选中 φ16 的标注，然后单击"常用"选项卡→"特性"面板→按钮，如图 13-69 所示。

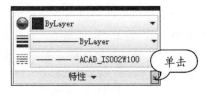

图 13-69

Step 02 在弹出的"特性"选项板中选择"公差"选项，然后单击"显示公差"后面的下拉按钮选择"极限偏差"选项，并在"公差下偏差"和"公差上偏差"后面输入 0 和 0.025，并将精度值设置为"0.000"，如图 13-70 所示。

图 13-70

Step 03 然后在"公差"选项卡中单击"公差文字高度"选项，并输入文字高度为 0.5，如图 13-71 所示。

Step 04 按下【Esc】键退出，完成的效果如图 13-72 所示。

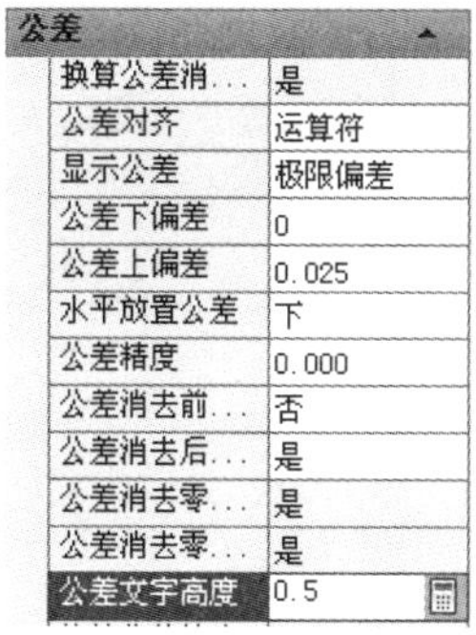

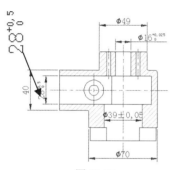

图 13-71

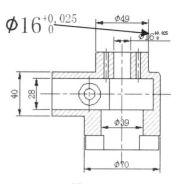

图 13-72

Step 05　重复上述步骤,选择其他尺寸添加公差,完成的效果如图 13-73 所示。

Step 06　输入 dra 调用"半径标注"命令,给图形中的圆角添加半径标注,完成的效果如图 13-74 所示。

图 13-73

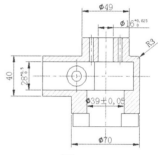

图 13-74

Step 07　输入 tol 并按空格键,在弹出的"形位公差"对话框中单击"符号"下面的█按钮,弹出"特征符号"对话框,如图 13-75 所示。

Step 08　在"特征符号"对话框中选择⊥符号,并输入相应的公差值和参考基准。然后重复选择"特征符号"●并输入公差值,如图 13-76 所示。

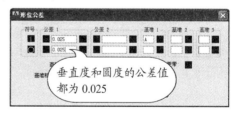

图 13-75

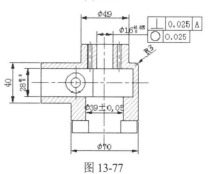

图 13-76

Step 09　单击"确定"按钮后,在绘图窗口中将形位公差放到合适的位置,结果如图 13-77 所示。

图 13-77

3. 给左视图和俯视图添加标注

Step 01 给左视图添加标注,完成后结果如图 13-78 所示。

Step 02 给俯视图添加标注,完成后结果如图 13-79 所示。

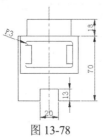

图 13-78

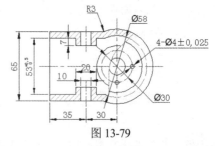

图 13-79

13.4.2 插入图块

在绘制机械图的过程中,有很多内容是重复出现的,对于这些大量出现或经常用到的零件或结构经常做成图块,在用到的时候直接插入即可,如粗糙度、图框等。插入图块的具体的操作步骤如下:

Step 01 输入 i 并按空格键,弹出"插入"对话框,单击"浏览"按钮,在弹出的"选择图形文件"对话框中选择随书附带光盘中的图块"粗糙度.dwg",如图 13-80 所示。

Step 02 设置插入比例为 0.5,然后单击"确定"按钮,把图块插入到合适的位置,根据命令行提示输入粗糙度的值为 6.3,结果如图 13-81 所示。

图 13-80

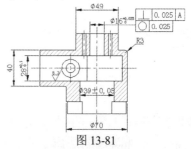

图 13-81

Step 3 重复步骤 1~2,插入其他的粗糙度、基准符号和图框,结果如图 13-82 所示。

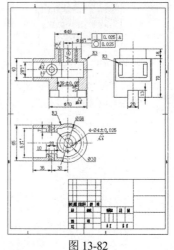

图 13-82

13.4.3 添加文字

图形和标注完成后，最后来添加技术要求和填写标题栏，具体的操作步骤如下：

Step 01 在命令行输入 t 调用"多行文字"命令，在绘图窗口的合适位置插入文字的输入框，然后在"文字编辑器"→"样式"选项下，设置文字的高度为 4，如图 13-83 所示。

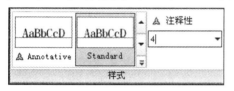

图 13-83

Step 02 选择字体为"宋体"，然后输入相应的内容，如图 13-84 所示。

图 13-84

Step 03 在命令行输入 dt 并按空格键调用"单行文字"命令，根据命令行提示将文字高度设置为 8，倾斜角度设置为 0，填写标题栏，结果如图 13-85 所示。

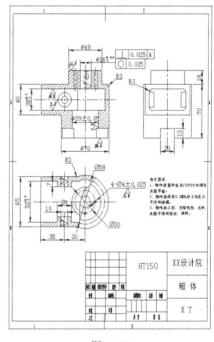

图 13-85

13.5 打印图形

用户可以使用各种各样的绘图仪和 Windows 系统打印机输出图形。将打印样式表和模型设定完以后，用户即可以直接打印出图。

调用打印命令的方法有以下几种：

- 选择"文件"→"打印"菜单命令。
- 在快速访问工具栏中单击"打印"按钮 。
- 输入命令 print/plot+空格键。

Step 01 选择"文件"→"打印"命令，弹出"打印—模型"对话框，如图13-86所示。

Step 02 单击右下角的 ⊙ 按钮，可以打开或关闭右侧区域的显示，如图13-87所示。

图13-86

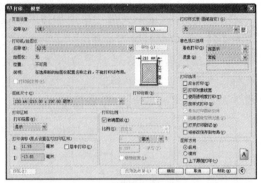

图13-87

Step 03 在"打印机/绘图仪"选项区域中选择已安装的打印机，如图13-88所示。

Step 04 在"图纸尺寸"选项区域中选择A4，如图13-89所示。

图13-88

图13-89

Step 05 在"打印偏移"中选择"居中打印"，在"打印范围"中选择"窗口"选项，如图13-90所示。

Step 06 在绘图框内按住鼠标左键拖动框选图形要打印的范围，如图13-91所示。

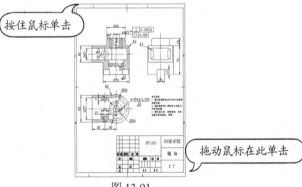

图13-91

图13-90

Step 07 回到对话框中，在"打印比例"选项区域中勾选"布满图纸"复选框，如图13-92所示。

Step 08 打开右侧面板，在"打印样式"下拉列表框中选择monochrome.ctb选项，如图13-93所示。

图13-92

图13-93

Step 09　在"图形方向"选项区域可以对打印的方向进行设置，如图 13-94 所示。

Step 10　单击"预览"按钮，观察完成设置后的效果，如图 13-95 所示。如果预览没有问题，单击左上角的"打印"按钮直接进行打印。

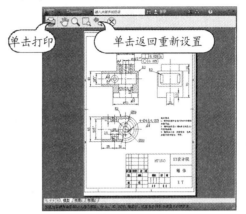

图 13-95

图 13-94

提示：打印设置

如果取消勾选"布满图纸"复选框，可以对打印的比例进行设置。若绘图比例是 1:1，这里将打印比例也设置为 1:1，那么打印出来的图形大小将和实际使用的大小尺寸相同。

monochrome.ctb 样式对黑白打印非常有用，无论图形使用哪种颜色绘制，显示出来的图形线条都是非常清晰的黑色。

第**14**章
绘制住宅平面图

住宅平面图是住宅施工图中的重要组成部分，完整的住宅施工图一般都是从平面图开始的。

本章绘制的住宅结构图使用到的知识涵盖了本书大部分的绘图命令和编辑命令，让读者对每章讲解的内容有一个全面的认识。

视频文件：光盘\视频演示\CH14
视频时间：126 分钟

14.1　住宅设计规范

2011 年国家发布了新的《住宅设计规范》，并于 2012 年 8 月 1 日起生效。新规范中对住宅设计的许多标准重新进行了规定。

14.1.1　套内空间的设计标准

套内空间设计主要包括套型、卧室、厨房、卫生间等设计标准。

1. 套型

住宅应按套型设计，每套应设卧室、起居室、厨房和卫生间等基本空间。普通住宅套型分为 4 类，如图 14-1～图 14-3 所示。各种套型居住空间个数和使用面积不宜小于表 14-1 的规定。

表 14-1　套型和最小使用面积规定

套型	个数	整个住宅最小使用面积（m²）	套型	个数	整个住宅最小使用面积（m²）
一类	2	34	三类	3	56
二类	3	45	四类	4	68

提示：表中面积说明

表中的面积不包括阳台面积。

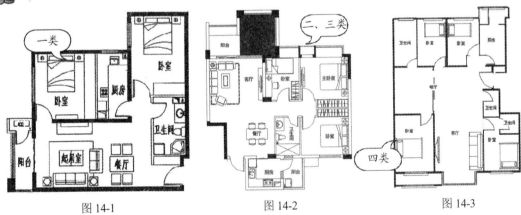

图 14-1　　　　　　　　　　　图 14-2　　　　　　　　　　　图 14-3

2. 卧室

卧室应能直接采光、自然通风，卧室之间不应相互穿越，单人卧室面积不小于 6m²，双人卧室面积不小于 10m²。卧室空间布置如图 14-4 所示。

3. 厨房

厨房应能直接采光、自然通风，一类和二类住宅厨房面积不小于 4m²，三类和四类住宅厨房面积不小于 5m²。厨房的设置一般包括洗涤池、案台、炉灶及吸油烟机等。

单排布置设备的厨房，操作台最小宽度为 0.5m，操作面净长度不小于 2.1m，考虑操作人下蹲打开柜门、抽屉所需的空间或另一人从操作人身后通过的极限距离，要求最小净宽为

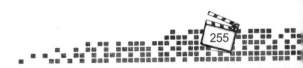

1.5m。双排布置设备的厨房两排设备的净距离不小于0.9m，操作面净长度不小于2.1m。

厨房空间布置如图14-5所示。

4. 卫生间

不论哪种套型的住宅至少都要设置一个卫生间，对于第四类住宅宜设置两个或两个以上卫生间。每套住宅至少应配置3件卫生洁具，不同洁具组合的卫生间使用面积应不小于表14-2中的面积。卫生间的空间布置如图14-6所示。

表14-2 不同配置的最小使用面积

设施配置	便器、洗浴器、洗面器3件卫生洁具	便器、洗面器两件卫生洁具	单设便器
面积（m²）	3	2.5	1.1

图14-4

图14-5

图14-6

提示：卫生间布置的注意事项

无前室的卫生间的门不应直接开向起居室或厨房。卫生间不应直接布置在下层住户的卧室和厨房的上层。可布置在本套内的卧室和厨房的上层；并都要有防水、隔声和便于检修的措施。

5. 层高和室内净高

普通住宅层的高度一般为2.8m，卧室的室内净高不低于2.4m，局部净高不低于2.1m。厨房、卫生间的室内净高不低于2.2m，排水横管下表面与楼面、地面的净距离不低于1.9m，并且不能影响门、窗的开启。

14.1.2 套外空间的设计标准

这里的套外空间主要是指过道、储藏空间、套内楼梯、阳台、门窗等。

1. 过道、储藏空间和套内楼梯

套内入口过道净宽不小于1.2m；通往卧室的过道净宽不小于1m；通往厨房、卫生间、储藏室的过道净宽不小于0.9m；过道在拐弯处的尺寸应便于搬运家具。

套内吊柜净高不小于0.4m；壁柜净深不小于0.5m；底层或靠外墙、卫生间的壁柜内部应采取防潮措施；壁柜内应平整、光洁。

套内楼梯的净宽，当一边临空时，不小于0.75m；当两侧有墙时，不小于0.9m。套内楼梯的踏步宽度不小于0.22m，高度不大于0.2m；扇形踏步转角距扶手边0.25m处，宽度不小于0.22m。

楼梯过道的空间布置如图14-7所示。

2．阳台

阳台栏杆设计应防儿童攀登，栏杆的垂直杆件间净距离不大于 0.11m，放置花盆处必须采取防坠落措施。

低层、多层住宅的阳台栏杆净高不低于 1.05m；中高层、高层住宅的阳台栏杆净高不低于 1.1m。封闭阳台栏杆也应满足阳台栏杆净高要求。中高层、高层及寒冷、严寒地区住宅的阳台宜采用实体栏板。

阳台应设置晾、晒衣物的设施；顶层阳台应设雨罩，雨罩应做有防水和组织排水结构。各套住宅之间毗邻的阳台应设分户隔板。

阳台的空间布置如图 14-8 所示。

图 14-7　　　　　　　　　　　　　图 14-8

3．门窗

住宅门户应采用安全防盗门。向外开启的户门不应妨碍交通。各部位门洞的最小尺寸应符合表 14-3 的规定。

表 14-3　各部位门洞的最小尺寸

类别	公用外门	户（套）门	起居室门	卧室门	厨房门	卫生间门	阳台门（单扇）
门洞宽度（m）	1.2	0.9	0.9	0.9	0.8	0.7	0.7
洞口高度（m）	2	2	2	2	2	2	2

 提示：表中尺寸说明

表中门洞高度不包括门上亮子高度。门洞两侧地面有高低差时，以高地面为起算高度。

底层外窗和阳台门、下沿低于 2m 且紧邻走廊或公用层面的窗和门，应采取防卫措施。

外窗窗台距楼面、地面的高度低于 0.9m 时，应有防护设施，窗外有阳台或平台时可不受此限制。窗台的净高度或防护栏杆的高度均应从可踏面积算起，保证净高 0.9m。

面临走廊或凹口的窗，应避免视线干扰。向走廊开启的窗扇不应妨碍交通。

14.1.3　室内环境

我们这里讲的室内环境主要是指日照、采光、通风、保温、隔热、隔声等。

1．日照、天然采光、自然通风

每套住宅至少有一个居住空间能获得日照，当一套住宅的居住空间总数超过 4 个时，其中最好能有两个或两个以上获得日照。设计采光面积时距离地面高度低于 0.5m 的窗口面积不应计入采光面积内。

采用自然通风的房间，卧室、卫生间的通风口面积不小于该房间地板面积的 1/20。厨房的通风口面积不小于该房间地板面积的 1/10，而且不得小于 $0.6\ m^2$。

2．保温和隔热

住宅室内采取冬季保温、夏季隔热措施。严寒、寒冷地区住宅的起居室的节能应符合现行行业标准《民用建筑节能设计标准（采暖居住建筑部分）》（JGJ26）的有关规定。

寒冷、夏热冬冷和夏热冬暖地区，住宅建筑的西向居住空间朝西外窗均应采取遮阳措施；屋顶和向西外墙应采取隔热措施。设有空调的住宅，其围护结构应采取保温和隔热措施。

3．隔声

住宅卧室内的允许噪声级（A 声级）白天应不大于 50dB，夜间应不大于 40dB；分户墙与楼板的空气声的计权隔声量不小于 40dB，楼板的计权标准撞击声压不大于 75dB。

住宅的卧室宜布置在背向噪声源的一侧。电梯不应与卧室紧邻布置，凡受条件限制需要紧邻布置时，必须采取隔声、减振措施。

14.2 建筑平面图绘图思路

绘制建筑平面图的思路：绘制轴线、墙体、门窗洞→插入门窗→标注文字&尺寸→填充图案。在绘制平面图的时候需要设置若干个图层配合完成，具体绘制思路如表 14-4 所示。

表 14-4 建筑平面图绘制思路

序 号	绘图方法	结 果	备 注
1	使用直线绘制轴线，利用多线和多线编辑来绘制墙体		注意多线的比例设置，以及使用多线编辑命令时的选取
2	使用直线、偏移、修剪命令来创建门洞和窗洞		

续表

序　号	绘图方法	结　　果	备　注
3	绘制门图形，并将该图形定义成块，插入到门洞位置		插入时注意比例及开门方向
4	添加尺寸标注、文字		
5	给图形添加图案填充		

14.3　设置绘图环境

对于大型的图形，通常在绘图之前先要设置绘图环境，例如，图层、单位、文字样式及标注样式等，下面就具体来介绍绘图环境的设置。

14.3.1　创建图层和文字

为了能够更好地区分图形，在绘图之前首先要建立不同的图层。为了在绘图后期能方便地添加文字，最好在绘图前就设置不同的文字样式。图层和文字样式的具体设置如下：

Step 01　新建一个图形文件，然后输入 la 调用"图层管理器"命令，创建标注、门窗、墙线、填充、文字和轴线图层，创建完成后如图 14-9 所示。

Step 02　在命令行输入 st 并按空格键，在弹出的"文字样式"对话框中单击"新建"按钮，在弹出的"新建文字样式"对话框中输入"样式名"为"文字样式1"，如图 14-10 所示。

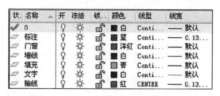

图 14-9

图 14-10

Step 03 单击"确定"按钮，回到"文字样式"对话框，将"文字样式1"的文字"高度"设置为400，然后单击"应用"按钮，如图14-11所示。

Step 04 重复步骤2~3，新建一个"文字样式2"，并将文字"高度"设置为300，然后单击"应用"按钮，最后单击"关闭"按钮，如图14-12所示。

图 14-11

图 14-12

14.3.2 标注样式设置

在建筑图形中，标注样式通常不同，例如，它的箭头用的是45°的短斜线。下面就对标注样式进行设置，具体操作步骤如下：

Step 01 在命令行输入d并按空格键，弹出"标注样式管理器"对话框，如图14-13所示。

Step 02 单击"新建"按钮，在弹出的"创建新标注样式"对话框中输入新样式名"建筑标注"，如图14-14所示。

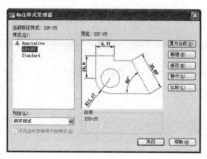

图 14-13

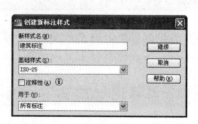

图 14-14

Step 03 单击"继续"按钮，在弹出的"新建标注样式：建筑标注"对话框中选择"符号和箭头"选项卡，将"箭头"选项区域的"第一个"和"第二个"都设置为"建筑标记"，如图14-15所示。

Step 04 单击"调整"选项卡，将"标注特征比例"设置为160，如图14-16所示。

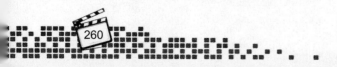

图 14-15　　　　　　　　　　　　图 14-16

Step 05　单击"主单位"选项卡，选择"单位格式"为小数，将"精度"设置为 0，勾选"消零"选项区域的"后续"复选框，如图 14-17 所示。

Step 06　单击"确定"按钮，回到"标注样式管理器"对话框后单击"置为当前"按钮，最后单击"关闭"按钮，如图 14-18 所示。

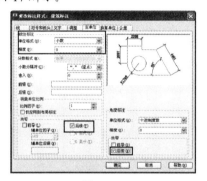

图 14-17

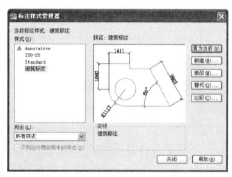

图 14-18

14.4　绘制住宅平面图

本节将介绍住宅平面图的绘制方法，先使用多线来绘制墙线，然后使用多线编辑命令修改多线，最后绘制门洞和窗洞。

14.4.1　绘制墙线

墙线的绘制主要用到了多线命令，墙线之间的距离应为 240，下面介绍绘制墙线的方法。

1. 绘制轴线

Step 01　选择"常用"选项卡→"图层"面板，单击"图层"下拉按钮，然后单击"轴线"图层，将"轴线"图层置为当前层，如图 14-19 所示。

Step 02　输入 l 调用"直线"命令，通过输入点坐标绘制一条竖直的轴线，如图 14-20 所示。命令行提示如下：

```
命令: _line 指定第一点: 100,0        //输入第一点坐标
指定下一点或 [放弃(U)]: 100,12000    //输入第二点坐标
指定下一点或 [放弃(U)]:             //按【Enter】键确认
```

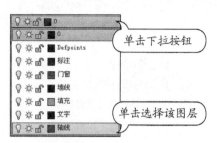

图 14-19

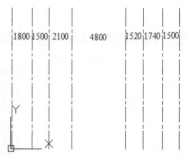

图 14-20

Step 03 在命令行输入 o 调用"偏移"命令，将竖直轴线向右侧偏移 1800、1500、2100、4800、1520、1740 和 1500，如图 14-21 所示。

Step 04 重复步骤 1，绘制一条水平轴线，指定第一点坐标为(0,500)，然后在水平方向上指定下一点，如图 14-22 所示。

图 14-21

图 14-22

Step 05 重复步骤 3，将水平轴线向上偏移 3900，然后每次都以最上方的轴线为偏移对象，分别向上偏移 1200、1560 和 2640，如图 14-23 所示。

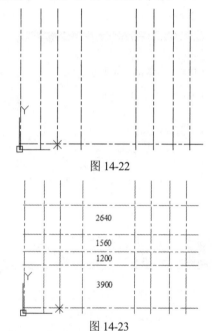

图 14-23

2. 用多线绘制墙线

Step 01 将"墙线"图层设置为当前层，在命令行输入 ml 调用"多线"命令，AutoCAD 提示如下：

```
命令: _mline 当前设置: 对正 = 上，比例 = 20.00，样式 = STANDARD
指定起点或 [对正(J)/比例(S)/样式(ST)]: s
输入多线比<20.00>: 240
当前设置: 对正 = 上，比例 =240.00，样式 = STANDARD
指定起点或 [对正(J)/比例(S)/样式(ST)]: j
输入对正类型 [上(T)/无(Z)/下(B)] <上>: z
当前设置: 对正 = 无，比例 =240.00，样式 = STANDARD
```

Step 02 继续上一步，设置完成后指定 A 点为起点，然后依次捕捉 B、C、D 点，最后输入 C 让绘制的墙线闭合，结果如图 14-24 所示。

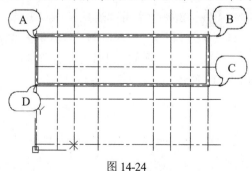

图 14-24

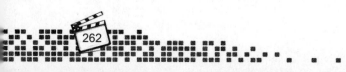

技术点拨：多线的间距

系统默认多线的间距是 1，所以本例中设置多线比例为 240，则绘制出来的墙体宽度为 1×240=240。如果读者在绘图之前重新设置了多线的宽度，那么这里的比例就要做相应的修改了。

Step 03 重复步骤 2，捕捉轴线的交点继续绘制 6 条多线，结果如图 14-25 所示。

Step 04 重复步骤 2，继续绘制剩余的两条多线，最后结果如图 14-26 所示。

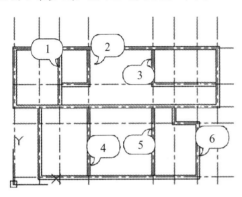

图 14-25

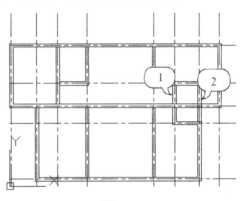

图 14-26

Step 05 选择"常用"选项卡→"图层"面板，单击"图层"下拉按钮，然后单击"轴线"图层前面的"灯泡"图标，将该层关闭（灯泡变成蓝色），结果如图 14-27 所示。

Step 06 在命令行输入 pl 调用"多线"命令，以 A 点为起点来绘制多段线，命令行提示如下：

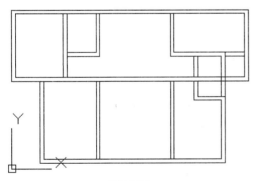

图 14-27

```
命令: _pline    指定起点://捕捉图中的 A 点
当前线宽为 0
指定下一个点或 [圆弧(A)/半宽(H)/长度(L)/放弃(U)/宽度(W)]: @0,-1320
指定下一点或 [圆弧(A)/闭合(C)/半宽(H)/长度(L)/放弃(U)/宽度(W)]: @720,0
指定下一点或 [圆弧(A)/闭合(C)/半宽(H)/长度(L)/放弃(U)/宽度(W)]: a
指定圆弧的端点或
[角度(A)/圆心(CE)/闭合(CL)/方向(D)/半宽(H)/直线(L)/半径(R)/第二个点(S)/放弃(U)/宽度(W)]: r
指定圆弧的半径: 2250
指定圆弧的端点或 [角度(A)]: @3600,0
指定圆弧的端点或
[角度(A)/圆心(CE)/闭合(CL)/方向(D)/半宽(H)/直线(L)/半径(R)/第二个点(S)/放弃(U)/宽度(W)]: l
指定下一点或 [圆弧(A)/闭合(C)/半宽(H)/长度(L)/放弃(U)/宽度(W)]: @720,0
指定下一点或 [圆弧(A)/闭合(C)/半宽(H)/长度(L)/放弃(U)/宽度(W)]: @0,1320
指定下一点或 [圆弧(A)/闭合(C)/半宽(H)/长度(L)/放弃(U)/宽度(W)]: //按【Enter】键结束绘图命令
```

Step 07 多段线绘制完成后，结果如图 14-28 所示。

Step 08 在命令行输入 o 调用"偏移"命令，将多段线向内偏移 240，如图 14-29 所示。

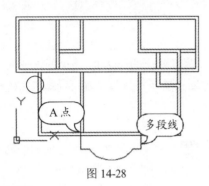

图 14-28

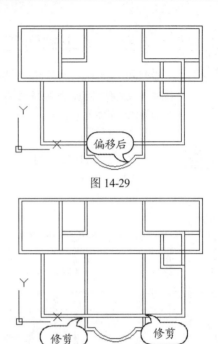

图 14-29

Step 09 在命令行输入 tr 调用 "修剪" 命令, 选择多线为剪切边, 选择多段线为剪切对象, 修剪完成后结果如图 14-30 所示。

图 14-30

14.4.2 编辑墙线

多线绘制完成后, 使用 "多线编辑" 命令可以对多线进行快速修改, 下面介绍编辑墙线的方法, 具体操作步骤如下:

Step 01 选择 "修改" → "对象" → "多线" 菜单命令, 在 "多线编辑工具" 对话框中单击 "T 形打开" 按钮, 如图 14-31 所示。

Step 02 在图形左上方竖直多线的上方单击, 选择第一条多线, 如图 14-32 所示。

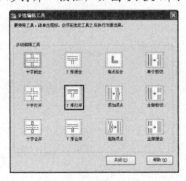

图 14-31

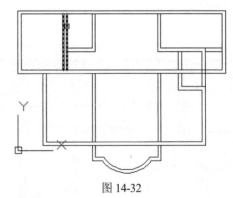

图 14-32

Step 03 选择与竖直多线相交的多线为第二条多线, 将创建 T 形打开, 如图 14-33 所示。

Step 04 继续选择呈 T 形的多线, 创建 T 形打开, 如图 14-34 所示。

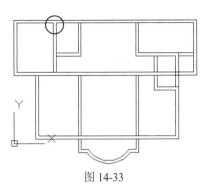

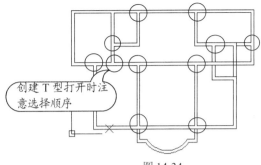

创建 T 型打开时注意选择顺序

图 14-33   图 14-34

Step 05 在"多线编辑工具"对话框中单击"十字打开"按钮，在图形右侧选择竖直多线为第一条多线，如图 14-35 所示。

Step 06 在图形中继续选择另两条呈十字相交的两条多线，创建十字打开后如图 14-36 所示。

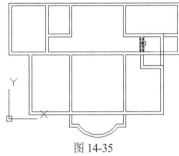

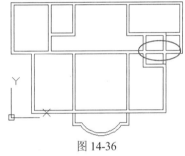

图 14-35   图 14-36

Step 07 在命令行输入 x 调用"分解"命令，在图形中选择所有的多线，然后按【Enter】键将多线分解。分解后将图形多余的线修剪和删除掉，结果如图 14-37 所示。

Step 08 在命令行输入 j 调用"合并"命令，将没有连接在一起的竖直直线合并，如图 14-38 所示。

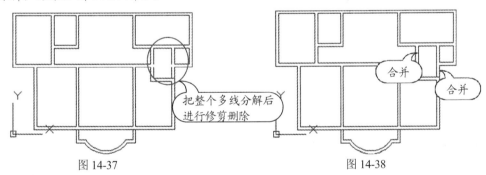

把整个多线分解后进行修剪删除

合并

合并

图 14-37   图 14-38

14.4.3 创建门洞和窗洞

门洞和窗洞的创建方法较简单，绘制一条竖直直线，通过偏移得到相应的门洞和窗洞的间距，然后用修剪命令修剪出门洞和窗洞即可，具体操作步骤如下：

Step 01 输入 l 调用"直线"命令，在图形上方绘制一条竖直直线，如图 14-39 所示。

Step 02 在命令行输入 o 调用"偏移"命令，将竖直直线向右侧偏移 140，然后将偏移后的直线再向右侧偏移 900，如图 14-40 所示。

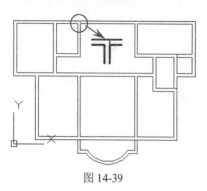

图 14-39

图 14-40

Step 03 在命令行输入 tr 调用"修剪"命令,选择偏移的直线为剪切边,然后修剪墙线,修剪后将步骤 1 绘制的直线删除,结果如图 14-41 所示。

Step 04 重复上述操作,在门窗洞的位置绘制墙宽距离的直线,按照门洞的大小及如图 14-42 所示的偏移距离的数据进行偏移。

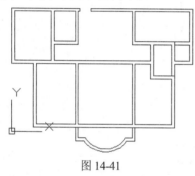

图 14-41

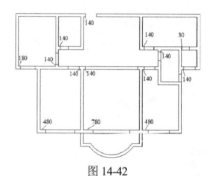

图 14-42

Step 05 进行两次偏移以后,使用"修剪"命令裁剪墙线,最后结果如图 14-43 所示。

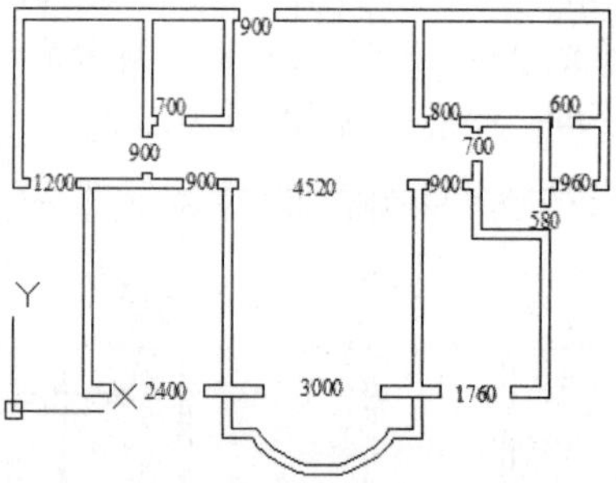

图 14-43

14.5 绘制门窗和注释图形

本节首先介绍门窗的绘制方法,然后将绘制好的门窗做成图块插入到图中相应的位置,最后再给图形添加尺寸标注和文字注释。

14.5.1 绘制门窗

图形中有多个门,可以绘制一个门图形,将图形定义成块,然后将门图块插入到其他门洞位置。

1. 绘制并制作门图块

Step 01　将"门窗"图层置为当前。输入 rec 调用"矩形"命令,在图形中的空白区域绘制一个 50×1 000 的矩形,如图 14-44 所示。

Step 02　输入 c 调用"圆"命令,以矩形的左下端点为圆心,绘制一个半径为 1 000 的圆,如图 14-45 所示。

图 14-44　　　　　　　　　　　　　图 14-45

Step 03　在命令行输入 x 调用"分解"命令,选择矩形将它分解。然后输入 ex 调用"延伸"命令,将矩形的底边延伸到与圆相交,结果如图 14-46 所示。

Step 04　输入 tr 调用"修剪"命令,将多余的圆弧和直线修剪掉,并将多余的直线删除,结果如图 14-47 所示。

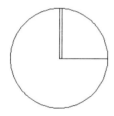　　　　　　　　

图 14-46　　　　　　　　　　　　　图 14-47

Step 05　在命令行输入 b 调用"块"命令,在"块定义"对话框中输入块的名称,然后单击"拾取点"按钮,如图 14-48 所示。

Step 06　在图形中指定矩形的左下端点为插入基点,如图 14-49 所示。

图 14-48

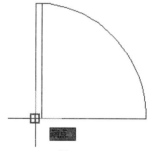

图 14-49

Step 07　在"块定义"对话框中单击"选择对象"按钮,在绘图窗口中选择门为对象,然后按【Enter】键,在"块定义"对话框中单击"确定"按钮,如图 14-50 所示。

图 14-50

2. 插入门图块

Step 01 在命令行输入 i 调用"插入"命令，在"插入"对话框中选择 door 图块，设置旋转角度为 180，X 轴比例设置为-0.9，Y 轴和 Z 轴为 0.9，如图 14-51 所示。

图 14-51

Step 02 指定图形右侧门洞边的中点为插入点，插入的门如图 14-52 所示。

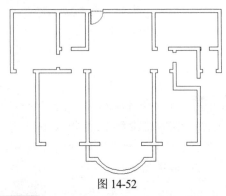

图 14-52

Step 03 重复步骤 1~2 按照给出的每个门的比例及相应角度（相对于块的角度），在"插入块"对话框中设置相应比例及角度，把每个门洞都安置上门图块，如图 14-53 所示。

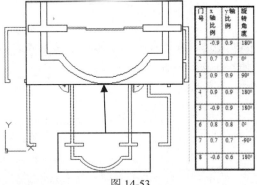

门号	X轴比例	Y轴比例	旋转角度
1	-0.9	0.9	180°
2	0.7	0.7	0°
3	0.9	0.9	90°
4	0.9	0.9	180°
5	-0.9	0.9	180°
6	0.8	0.8	0°
7	0.7	0.7	-90°
8	-0.6	0.6	180°

图 14-53

Step 04 在命令行输入 rec 调用"矩形"命令，在图形下方指定窗洞的一条边的中点为第一角点，绘制一个 750×50 的矩形，如图 14-54 所示。

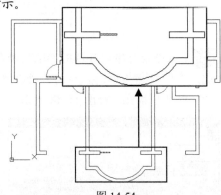

图 14-54

Step 05 在命令行输入 co 调用"复制"命令，对步骤 4 绘制的矩形进行复制，结果如图 14-55 所示。

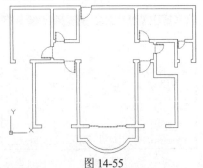

图 14-55

Step 06 在命令行输入 l 调用"直线"命令，在窗洞绘制两条直线连接墙线，如图 14-56 所示。

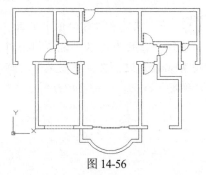

图 14-56

Step 07　在命令行输入 o 调用"偏移"命令,将步骤 6 绘制的直线分别向中间偏移 80,结果如图 14-57 所示。

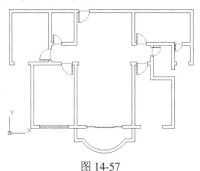

图 14-57

Step 08　在命令行输入 co 调用"复制"命令,将绘制的窗户图形复制到其他窗洞位置,如图 14-58 所示。

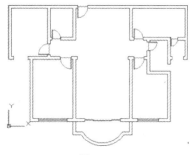

图 14-58

Step 09　重复步骤 6～8,继续绘制其他窗户,结果如图 14-59 所示。

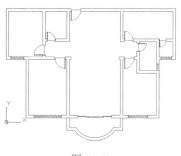

图 14-59

14.5.2　标注尺寸和文字

本节来给绘制的图形添加尺寸标注和文字注释,具体操作步骤如下:

Step 01　将"文字"图层设置为当前层,在命令行输入 st 调用"文字样式"命令,在弹出的"文字样式"对话框中选择前面建立的"文字样式 1",单击"置为当前"按钮,然后关闭对话框,如图 14-60 所示。

Step 02　在命令行输入 dt 并按空格键调用"单行文字"命令,在图形中指定起点,然后在每个房间中输入文字,结果如图 14-61 所示。

图 14-60

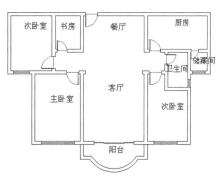

图 14-61

Step 03 重复步骤1～2，选择文字样式2，然后输入各个房间的铺装材料，结果如图14-62所示。

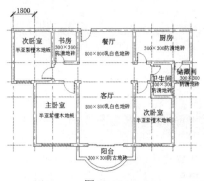

图 14-62

Step 04 将"轴线"图层打开，结果如图14-63所示。

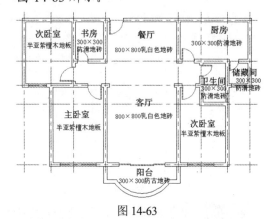

图 14-63

Step 05 将"标注"图层设置为当前层，在命令行输入dli并按空格键，给图形添加线性标注，结果如图14-64所示。

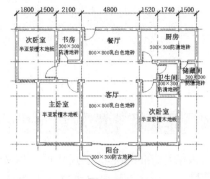

图 14-64

Step 06 在命令行输入dco调用"连续标注"命令，在轴线的交点处指定延伸线的原点，快速标注尺寸，结果如图14-65所示。

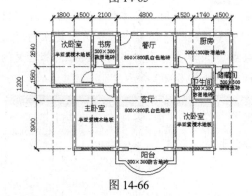

图 14-65

Step 07 重复步骤 5～6，继续添加标注，结果如图14-66所示。

图 14-66

14.6 对房间进行图案填充

本节将介绍图案填充的方法，需要在平面图中为每个房间填充图案，让其显示不同的材质。具体操作步骤如下：

Step 01　将"填充"图层设置为当前层，然后输入 h 调用"图案填充"命令，在"图案填充编辑器"面板进行设置，选择 NET 图案，将比例设置为 250，如图 14-67 所示。

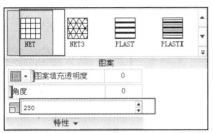

图 14-67

Step 02　在图形中客厅位置单击，拾取图案填充的内部点，然后按【Enter】键，结果如图 14-68 所示。

图 14-68

Step 03　重复步骤 1～2，设置 ANGLE 为填充图案，比例为 50，给厨房、卫生间、储藏间添加填充图案，结果如图 14-69 所示。

图 14-69

Step 04　重复步骤 1～2，设置 DOLMIT 为填充图案，比例为 50，给主卧、次卧、书房添加填充图案，结果如图 14-70 所示。

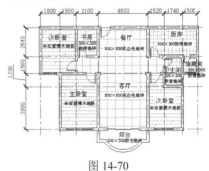

图 14-70

Step 05　重复步骤 1～2，设置 EARTH 为填充图案，比例为 50，给阳台添加填充图案，结果如图 14-71 所示。

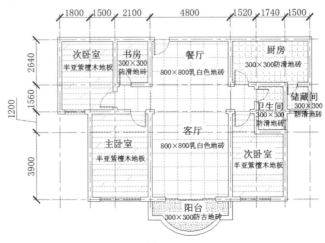

图 14-71

第15章
RS-422 通信接口电路图的绘制

本章所介绍的实例是微型计算机中的一种接口电路。当 PC 需要与外设之间进行较远距离、较高速率的数据通信时，往往需要采用 RS-422 通信接口，将微机总线信息转换为串行数据，实现与外设的通信。

视频文件：光盘\视频演示\CH15
视频时间：214 分钟

15.1　RS-422 通信接口简介

RS-422 是一种单机发送、多机接收的单向、平衡传输规范，被命名为 TIA/EIA-422-A 标准，是串行数据接口标准之一。RS-422 允许在一条平衡总线上连接最多 10 个接收器。RS-422 通信接口实物如图 15-1 所示。

图 15-1

RS-422 四线接口由于采用单独的发送和接收通道，因此不必控制数据方向，各装置之间任何必需的信号交换均可以按软件方式（XON/XOFF 握手）或硬件方式（一对单独的双绞线）。

RS-422 最大传输速率 10MB/s，最大传输距离 1 219m，长度与传输速率成反比，只有在很短的距离下才能获得最高速率传输，在 100KB/s 以下时才能达到 1 219m。在长距离传输时 RS-422 需要一个终接电阻，其阻值约等于传输电缆的特性阻抗，终接电阻接在传输电缆的最远端。只有在 300m 以下时不需要终接电阻。

RS-422 可以是 5 根线（R+、R-、T+、T-、地线），也可以不接地线只用 4 根线，接口形式一般有 DB-9、DB-25、RJ-11、RJ-45 和八针圆口等，如图 15-2 所示。

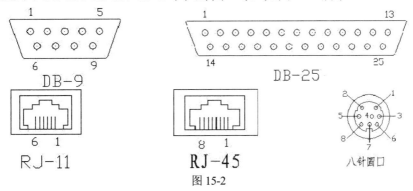

图 15-2

15.2　RS-422 通信接口电路图绘制思路

本实例是一个综合性较强的实例，其元件多、图形结构较复杂。绘制过程中，可以先通过绘制各种数字集成元件，再通过连接导线将各集成元件连接起来。

绘图过程中所采用的命令主要有"直线"、"矩形"、"创建块"、"插入块"及"阵列"等，绘图思路如表 15-1 所示。

表 15-1　RS-422 通信接口绘制思路

序　号	绘图方法	结　果	备　注
1	使用直线、矩形、插入图块、矩形阵列和文字输入等命令绘制双向总线收发器 74LS245	74LS245 G EN A0 B0 A1 B1 A2 B2 A3 B3 A4 B4 A5 B5 A6 B6 A7 B7	第一个矩形的第一个点的选取要利用对象捕捉追踪捕捉抓取 注意 fro 的使用

续表

序　号	绘图方法	结　果	备　注
2	绘制双向总线驱动器 74LS244A 和 74LS244B		
3	绘制数据收发器 8251		
4	绘制高速 CMOS 器件		
5	绘制三位计数器 74LS197		该元件一共有 3 个，其中一个需要更改文字
6	绘制 422 总线驱动器 3486		
7	绘制四输入与非门 74LS20		制作完成以后复制一个图形，删除相应的文字
8	绘制非门		制作完成以后复制 7 个非门图形
9	绘制多谐振荡器 74LS123		注意图块插入的位置
10	使用矩形、倒角、圆角、插入图块和矩形阵列命令绘制电路的基本符号		

续表

序　号	绘图方法	结　果	备　注
11	使用直线、矩形、镜像命令绘制晶体振荡器	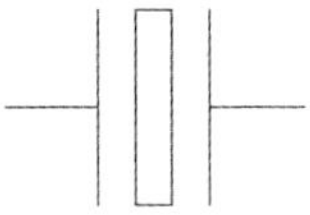	
12	通过移动命令将各元器件和电气符号移动到合适位置进行布局	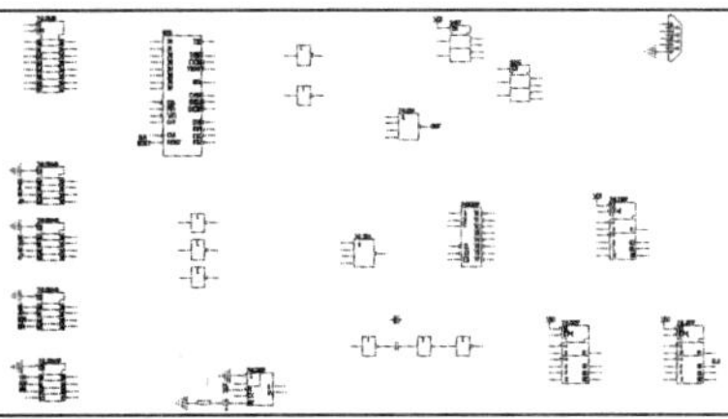	
13	使用直线命令把各元器件和电气符号连接起来	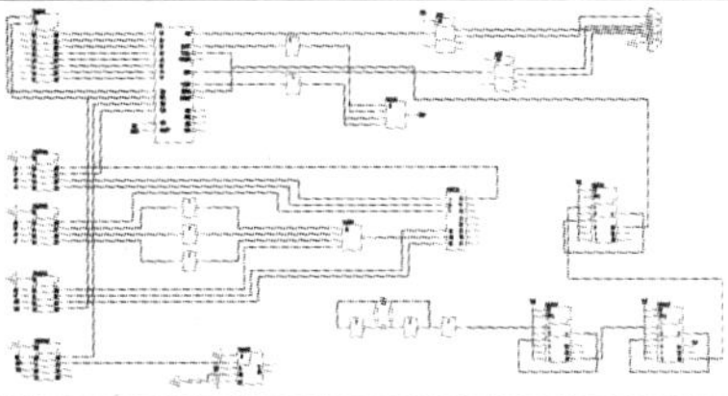	

15.3　绘图环境设置

在绘制 RS-422 标准通信接口电路图前要先对绘图环境进行设置，具体操作步骤如下：

Step 01 启动 AutoCAD 2013 应用程序，新建一个图形文件。在命令行输入 la 并按空格键，在弹出的"图层特性管理器"对话框中创建如图 15-3 所示的图层。

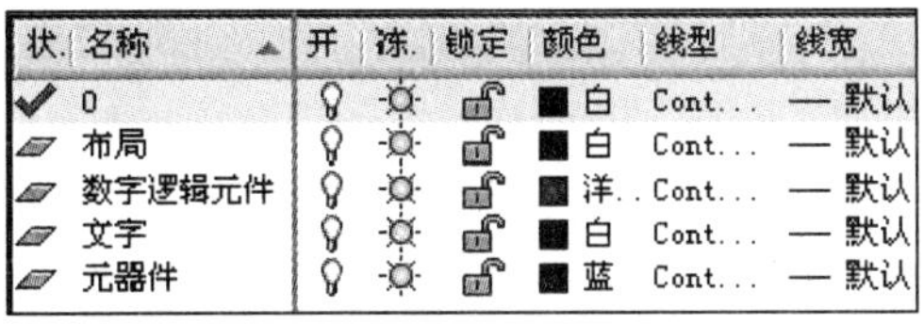

Step 02 在命令行输入 st 并按空格键，在弹出的"文字样式"对话框中设置字体为"仿宋_GB2312"，字体高度为 1.5，宽度因子为 0.7，其他设置不变，如图 15-4 所示。

图 15-3

图 15-4

Step 03 在命令行输入 se 并按空格键，在弹出的"草图设置"对话框中进行如图 15-5 所示的设置。

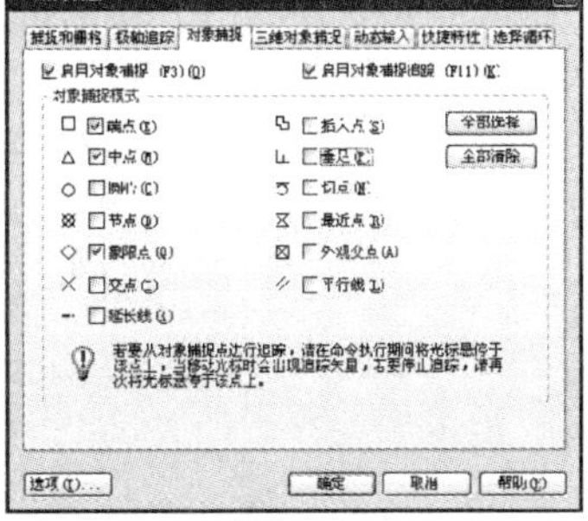

图 15-5

15.4 绘制数字逻辑元件

本节分 9 个小节来具体讲解各种元件的画法。

15.4.1 绘制双向总线收发器 74LS245

74LS245 是我们常用的芯片，用来驱动 LED 或者其他设备。它是三态双向总线收发器，既可以输出，也可以输入数据。74LS245 双向总线收发器的具体画法如下：

Step 01 选择"数字逻辑元件"图层为当前图层。在命令行输入 1 调用"直线"命令，AutoCAD 提示如下：

```
命令:LINE 指定第一个点:              //任意单击指定第一点
指定下一点或 [放弃(U)]: @0,1.5
指定下一点或 [放弃(U)]: @-1.5,0
指定下一点或 [闭合(C)/放弃(U)]: @0,5
指定下一点或 [闭合(C)/放弃(U)]: @10,0
指定下一点或 [闭合(C)/放弃(U)]: @0,-5
指定下一点或 [闭合(C)/放弃(U)]: @-1.5,0
指定下一点或 [闭合(C)/放弃(U)]: @0,-1.5
指定下一点或 [闭合(C)/放弃(U)]:       //按空格键结束命令
```

Step 02 绘制完成后，结果如图 15-6 所示。

图 15-6

Step 03 在命令行输入 i 并按空格键，在弹出的"插入"对话框中单击"浏览"按钮选择"输入逻辑极性指示符"图块，如图 15-7 所示。

Step 04 单击确定，当提示"指定插入点"时输入 fro，以图形左上角为基点，然后输入 (@0,-1.25) 为插入点，如图 15-8 所示。

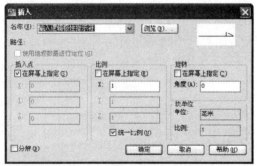

图 15-7

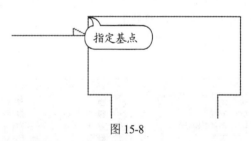

图 15-8

Step 05 在命令行输入 co 调用"复制"命令，选择图 15-7 插入的图块，然后以端点为基点，输入 (@0,-2.5) 为第二点，如图 15-9 所示。

Step 06 在命令行输入 rec 调用"矩形"命令，然后利用对象捕捉追踪捕捉竖直直线与端点延伸线的交点为矩形的第一个角点，如图 15-10 所示。

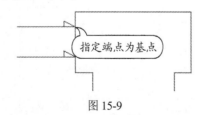

指定端点为基点

图 15-9

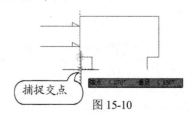

捕捉交点

图 15-10

Step 07 输入 (@10,-2.5) 为矩形第二个角点，绘制的矩形如图 15-11 所示。

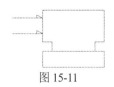

图 15-11

Step 08 在命令行输入 l 调用"直线"命令，分别以矩形两边的中点为第一点，绘制两条长度为 5 的直线，如图 15-12 所示。

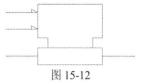

图 15-12

Step 09 输入 ar 命令，然后选择步骤 6～7 绘制的矩形和两条直线，在"阵列创建"面板内设置行数为"8"，列数为"1"，行间距为"-2.5"，阵列后结果如图 15-13 所示。

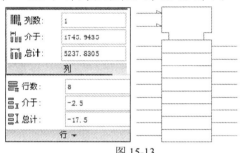

图 15-13

Step 10 将"文字"层切换为当前层，在命令行输入 dt 调用"单行文字"命令，然后在合适的位置输入文字，如图 15-14 所示。

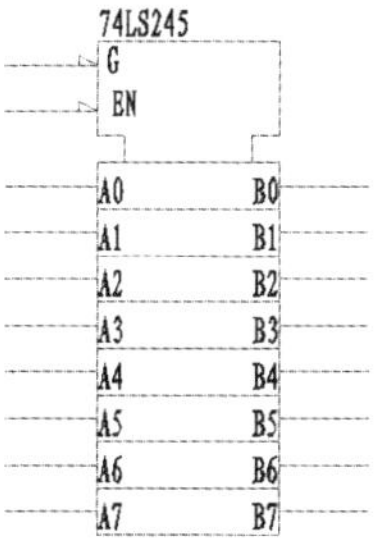

图 15-14

15.4.2　绘制双向总线驱动器 74LS244A 和 74LS244B

双向总线驱动器 244 内含有两个相同的单元，只绘制其中一个，然后将它复制到合适位置得到另一个即可。

Step 01 在命令行输入 l 调用直线命令，然后在合适的位置指定第一点，接着输入 (@0,1.5)、(@-1.5,0)、(@0,2.5)、(@10,0)、(@0,-2.5)、(@-1.5,0)、(@0,-1.5) 为第 2～8 点，结果如图 15-15 所示。

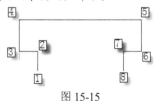

图 15-15

Step 02 在命令行输入 i 调用"插入"命令，在弹出的"插入"对话框中选择"输入逻辑极性指示符"图块，当提示"指定插入点"时输入 fro，捕捉左上角的端点，然后输入 (@0,-1.25)，接着插入"接地符号"图块，结果如图 15-16 所示。

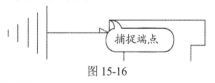

图 15-16

Step 03 在命令行输入 rec 调用"矩形"命令，利用对象捕捉追踪捕捉竖直线和端点延伸线的交点作为矩形的第一个角点，接着输入 (@10,-2.5) 为矩形的第二个角点，然后调用"直线"命令，分别以矩形两边的中点为端点绘制两条长度为 5 的直线，如图 15-17 所示。

Step 04 调用"矩形阵列"命令，选择步骤 3 绘制的矩形和两条直线，在"阵列创建"面板内设置行数为"4"，列数为"1"，行间距为"-2.5"，结果如图 15-18 所示。

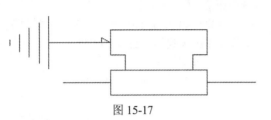

图 15-17

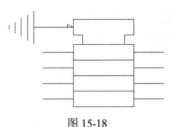

图 15-18

Step 05 将"文字"层置为当前层，然后在命令行输入 dt 调用"单行文字"命令，输入相应的内容，结果如图 15-19 所示。

Step 06 在命令行输入 co 调用"复制"命令，选择步骤1~5绘制的图形为复制对象，复制后对复制的图形进行文字更改，结果如图 15-20 所示。

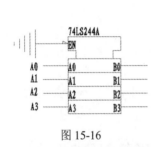

图 15-16

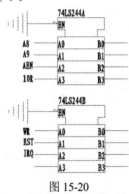

图 15-20

15.4.3 绘制数据收发器 8251

完成了双向总线收发器的绘制后，我们这节来绘制数据收发器，具体绘制步骤如下：

Step 01 将"数字逻辑元件"图层设置为当前层，然后输入 rec 调用"矩形"命令，在合适的地方为第一个角点，当提示指定另一个角点时输入(@15,45)，绘制的矩形如图 15-21 所示。

Step 02 输入 l 调用"直线"命令，当提示指定第一点时输入 Fro，捕捉矩形左上角的端点为基点，输入偏移距离为((@0,-2.5)、然后输入((@-5,0)为第二点，如图 15-22 所示。

图 15-21

指定端点作为基点

图 15-22

Step 03 调用"矩形阵列"命令，选择步骤2绘制的直线为阵列对象，在"阵列创建"面板内设置行数为"8"，列数为"1"，行间距为"-2.5"，阵列结果如图 15-23 所示。

Step 04 输入 i 调用"插入图块"命令，选择"逻辑非输出符"图块，设置旋转角度为-180°，单击"确定"按钮，当提示指定插入点时输入 Fro，以端点为基点，然后输入(@0,-5)，结果如图 15-24 所示。

图 15-23

Step 05　选择"矩形阵列"菜单命令,以"逻辑非输出符"图块为阵列对象,在"阵列编辑"面板内设置行数为"3",列数为"1",行间距为"-2.5",阵列结果如图 15-25 所示。

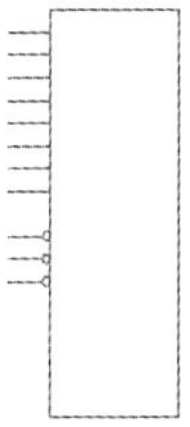

图 15-25

Step 07　继续调用"插入块"命令,选择"带逻辑非动态输入符"图块,设置旋转角度为-180°,当提示指定插入点时输入 Fro,以端点为基点,然后输入((@0,-5)为偏移距离,结果如图 15-27 所示。

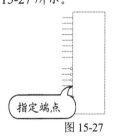

指定端点

图 15-27

Step 09　调用"直线"命令,输入 Fro,以矩形右上角为基点,((@0,-2.5)为偏移距离,在右侧画一条直线,如图 15-29 所示。

指定端点为基点

图 15-29

指定端点

图 15-24

Step 06　在命令行输入 1 调用"直线"命令,当提示指定第一点时输入 Fro,以象限点为基点,输入偏移距离((@0,-2.5),输入((@-5,0)为第二点,结果如图 15-26 所示。

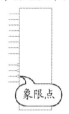

象限点

图 15-26

Step 08　选择步骤 6 中绘制的直线,使其向下偏移 7.7,如图 15-28 所示。

图 15-28

Step 10　选择"矩形阵列"菜单命令,以步骤 9 绘制的直线为阵列对象,设置行数为"5",列数为"1",行间距为"-6",阵列结果如图 15-30 所示。

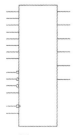

图 15-30

Step 11 调用"插入块"命令，选择"带逻辑非动态输入符"图块，输入 Fro，以矩形右上角为基点，输入(@0,-10)为偏移距离，如图 15-31。

图 15-31

Step 12 使用"复制"命令，复制步骤11中插入的块，以块的象限点为基点，输入(@0,-15)为第二点，接着依次输入(@0,-22.5)、(@0,-25)、(@0,-27.5)、(@0,-30)为复制点，结果如图 15-32 所示。

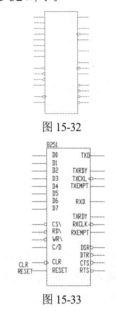

图 15-32

Step 13 将"文字"图层切换为当前层，在命令行输入 dt 调用"单行文字"命令，在合适的位置输入相应的内容，结果如图 15-33 所示。

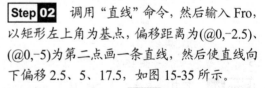

图 15-33

15.4.4 绘制高速 CMOS 器件

CMOS 常指保存基本启动信息（如日期、时间、启动设置等）的芯片。CMOS 可由主板的电池供电，即使系统掉电，信息也不会丢失。绘制高速 CMOS 的步骤如下：

Step 01 将"数字逻辑元件"图层切换为当前层，然后输入 rec 调用"矩形"命令，绘制一个 22.5×7.5 的矩形，如图 15-34 所示。

图 15-34

Step 02 调用"直线"命令，然后输入 Fro，以矩形左上角为基点，偏移距离为(@0,-2.5)、(@0,-5)为第二点画一条直线，然后使直线向下偏移 2.5、5、17.5，如图 15-35 所示。

图 15-35

Step 03 插入"逻辑非输出符"图块，旋转角度为-180°，然后输入 Fro，以矩形左上角为基点，输入(@0,-15)，如图 15-36 所示。

Step 04 使用复制命令以图块的象限点为基点，输入(@0,-2.5)为第二点复制该图块，结果如图 15-37 所示。

图 15-36

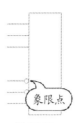

象限点

图 15-37

Step 05 插入"逻辑非输出符"图块,输入 Fro,以矩形右上角点为基点,输入((@0,-2.5)为插入点,结果如图 15-38 所示。

Step 06 调用"矩形阵列"命令,把插入的图块进行矩形阵列,行数为"8",列数为"1",行间距为"-2.5",结果如图 15-39 所示。

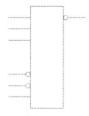

图 15-38

Step 07 将"文字"图层切换为当前层,输入 dt 调用"单行文字"命令,输入相应的内容,结果如图 15-40 所示。

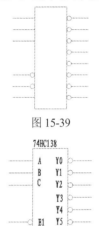

图 15-39

图 15-40

15.4.5 绘制三位计数器 74LS197

本节来介绍三位计数器的绘制,具体操作步骤如下:

Step 01 将"数字逻辑元件"图层切换为当前层,调用"直线"命令,在合适的位置点下第一点后,依次输入((@0,1.5)、(@-1.5,0)、(@0,5)、(@10,0)、(@0,-5)、(@-1.5,0)、(@0,-1.5)为第 2~8 点,结果如图 15-41 所示。

Step 02 插入"输入逻辑极性指示符"图块,当提示指定插入点时输入 Fro,以端点为基点,然后输入((@0,-1.25),调用"复制"命令,选择该块往下复制((@0,-3.75),结果如图 15-42 所示。

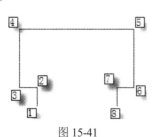

图 15-41

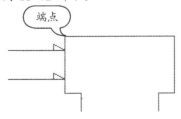

端点

图 15-42

Step 03 继续使用"插入块"命令,插入"电源"图块,以端点为插入点,结果如图15-43所示。

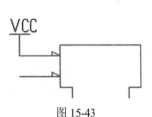

图 15-43

Step 04 选择"矩形"命令,利用对象捕捉追踪捕捉竖直直线与端点延长线的交点作为矩形的第一个角点,输入(@10,-15)作为矩形的第二个角点,结果如图15-44所示。

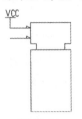

图 15-44

Step 05 插入"极性指示动态输入符"图块,当提示指定插入点时输入 Fro,以端点为基点,然后输入(@0,-1.25),结果如图 15-45 所示。

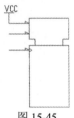

图 15-45

Step 06 调用"直线"命令,然后输入Fro,以矩形左上角为基点,输入(@0,-2.5)为偏移距离,输入(@-5,0)为第二点,结果如图 15-46 所示。

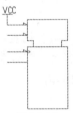

图 15-46

Step 07 调用"复制"命令,将插入的图块和步骤6绘制的直线向下复制距离5,结果如图 15-47 所示。

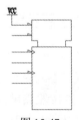

图 15-47

Step 08 调用"偏移"命令,输入偏移距离为2.5,以最后一条直线为偏移对象,向下偏移两次,结果如图15-48所示。

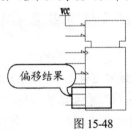

图 15-48

Step 09 在命令行输入 mi 调用"镜像"命令,以左边的直线为镜像对象,两个中点的连线为镜像线,如图15-49所示。

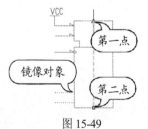

图 15-49

Step 10 选择不删除源对象,镜像后的结果如图 15-50 所示。

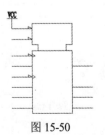

图 15-50

Step 11 调用"偏移"命令，将最上侧的直线向下偏移 11.5，结果如图 15-51 所示。

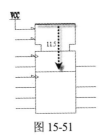

图 15-51

Step 12 将"文字"图层切换为当前层，输入 dt 调用"单行文字"命令，在合适的位置输入相应的内容，结果如图 15-52 所示。

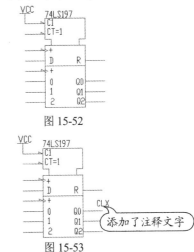

图 15-52

Step 13 调用"复制"命令，以图 15-52 为复制对象，复制两个三位计数器 74LS 197，然后对其中一个进行更改，结果如图 15-53 所示。

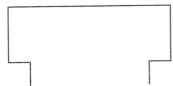

图 15-53

15.4.6　绘制 RS-422 总线驱动器 3487

总线驱动器主要是驱动主板的程序，本节重点来讲解总线驱动器的画法，具体步骤如下：

Step 01 将"数字逻辑元件"图层切换为当前层，然后调用"直线"命令，指定第一点后依次输入(@0.1)、(@-1,0)、(@0,2.5)、(@7.5,0)、(@0,-2.5)、(@-1,0)和(@0,-1)为直线的第 2～8 点，结果如图 15-54 所示。

图 15-54

Step 02 输入 rec 调用"矩形"命令，利用对象捕捉追踪捕捉竖直直线和端点延伸线的交点为矩形的第一个角点，接着输入(@7.5,-10)矩形的第二点，结果如图 15-55 所示。

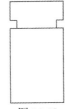

图 15-55

Step 03 调用"直线"命令，当提示指定第一点时输入 fro，以端点为基点，然后输入(@0,-1)为偏移距离，输入(@-5,0)为第二点，结果如图 15-56 所示。

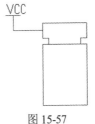

图 15-56

Step 04 在命令行输入 i 调用"插入"命令，将"电源"图块插入到图形中，以直线的端点为插入点，结果如图 15-57 所示。

图 15-57

Step 05 调用"偏移"命令，将步骤3绘制的直线向下偏移5，再将偏移后的直线向下偏移5，结果图15-58所示。

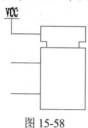

图15-58

Step 07 输入co调用"复制"命令，以块的端点为基点，把图块向下复制5个距离单位，结果如图15-60所示。

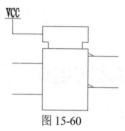

图15-60

Step 09 调用"偏移"命令，将最上侧的直线向下偏移8.5，结果如图15-62所示。

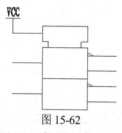

图15-62

Step 11 使用"复制"命令，以图15-63为复制对象，然后将复制后的图形上的所有图块删除掉，结果如图15-64所示。

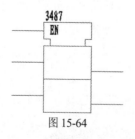

图15-64

Step 06 插入"输出逻辑极性指示符"图块，当提示指定插入点时输入fro，以端点为插入点，输入(@0,-4.75)为偏移距离，结果如图15-59所示。

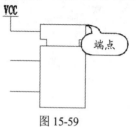

图15-59

Step 08 调用"直线"命令，然后输入fro，以矩形右上角为基点，以(@0,-3.75)为偏移距离，(@5,0)为第二点。然后使用"偏移"命令，将绘制的直线向下偏移5，结果如图15-61所示。

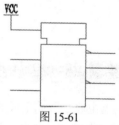

图15-61

Step 10 将"文字"图层切换为当前层，然后输入dt调用"单行文字"命令，输入相应的内容，结果如图15-63所示。

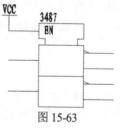

图15-63

Step 12 调用"插入"命令，将"输入逻辑极性指示符"图块旋转角度-180°插入到图形中。指定插入点时输入fro，以端点为基点，然后输入(@0,-1.25)，结果如图15-65所示。

图15-65

Step 13 输入 co 调用"复制"命令，选择插入的块为复制对象，以端点为基点，输入(0,-5)为第二点，结果如图 15-66 所示。

Step 14 最后对文字进行修改，结果如图 15-67 所示。

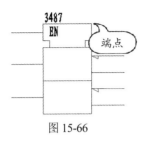

图 15-66

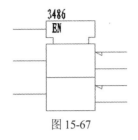

图 15-67

15.4.7 绘制四输入与非门 74LS20

"与非门"是数字电子技术的一种基本逻辑电路，是"与门"和"非门"（非门参见 15.4.8 节的定义）的叠加，有两个或两个以上输入和一个输出。

本节所绘制的"与非门"是一个四输入的与非门，具体绘制步骤如下：

Step 01 将"数字逻辑元件"图层切换为当前层，然后调用"矩形"命令，绘制一个 10 × 7.5 的矩形，结果如图 15-68 所示。

Step 02 调用"直线"命令，当提示第一点时输入 fro，以端点为基点，输入偏移距离(@0,-1.25)，输入(@-5,0)为第二点。然后使用"矩形阵列"菜单命令，选择直线为阵列对象，行数为"4"，列数为"1"，行间距为"-2.5"，结果如图 15-69 所示。

图 15-68

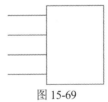

图 15-69

Step 03 插入"逻辑非输出符"图块，当提示指定插入点时捕捉矩形右侧边的中点为插入点，结果如图 15-70 所示。

Step 04 将"文字"图层切换为当前层，输入 dt 调用"单行文字"命令，然后输入相应的内容，如图 15-71 所示。

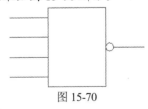

图 15-70

Step 05 使用"复制"命令，把步骤 4 完成后的元件再复制一个，然后将复制后的图形上多余的文字删除掉，如图 15-72 所示。

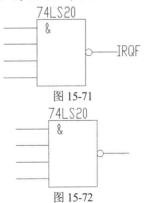

图 15-71

图 15-72

15.4.8 绘制非门

非门又称反相器,是逻辑电路的基本单元。非门有输入和输出两个端。其输出端的圆圈代表反相的意思,当其输入端为高电平("电平"就是指电路中两点或几点在相同阻抗下电量的相对比值)时输出端为低电平,当其输入端为低电平时输出端为高电平。也就是说,输入端和输出端的电平状态总是反相的。

15.4.7 节绘制"四输入与非门",本节来绘制"非门",具体操作步骤如下:

Step 01 将"数字逻辑元件"图层切换为当前层,然后调用"矩形"命令,绘制一个 7.5 × 5 的矩形,如图 15-73 所示。

Step 02 调用"直线"命令,以矩形左侧边的中点为直线的第一点,绘制一条长度为 5 的直线,如图 15-74 所示。

图 15-73

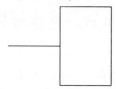

图 15-74

Step 03 插入"逻辑非输出符"图块,以矩形右侧边的中点为插入点,结果如图 15-75 所示。

Step 04 切换"文字"图层,输入相应的内容。最后以图 15-76 为复制对象,复制 7 个非门图形。

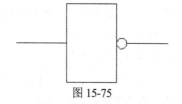

图 15-75

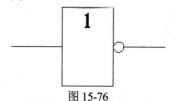

图 15-76

15.4.9 绘制多谐振荡器 74LS123

多谐振荡器就是利用深度正反馈,通过阻容耦合使两个电子器件交替导通与截止,从自激多谐振荡器而自激产生方波输出的振荡器,常用做方波发生器。

本节重点来讲解多谐振荡器 74LS123 的绘制,具体操作步骤如下:

Step 01 将"数字逻辑元件"图层切换为当前层,然后调用"矩形"命令,绘制一个 5×5 的矩形。继续使用"矩形"命令,以刚刚绘制的矩形的左上角点为第一个角点,然后输入(@10,-12.5)为第二角点,绘制结果如图 15-77 所示。

Step 02 调用"直线"命令,然后输入 Fro,以矩形左上角为基点,输入 (@0,-3.75)为偏移距离,((@-5,0)为第二点,然后把该直线向下偏移 4.58 和 6.78,结果如图 15-78 所示。

图 15-77

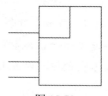

图 15-78

Step 03 在矩形中插入"输入逻辑极性指示符"图块，当提示指定插入点时，输入 Fro，以矩形左上角为基点，然后输入((@0,-1.25)为插入点，最后把该图块向下复制 5 个距离，结果如图 15-79 所示。

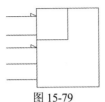

图 15-79

Step 04 调用"直线"命令，然后输入 Fro，以矩形右上角为基点，(@0,-5) 为偏移距离，(@5,0)为第二点，然后把该直线向下偏移 2.5 个距离，结果如图 15-80 所示。

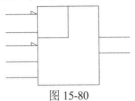

图 15-80

Step 05 调用"插入块"命令，分别插入"接地符号"、"电源"、"电解电容"、"电阻"图块，如图 15-81 所示。

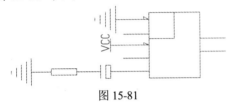

图 15-81

Step 06 将"文字"层设置为当前图层，然后调用"单行文字"命令，输入相应的内容，结果如图 15-82 所示。

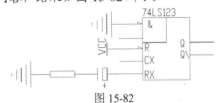

图 15-82

15.5　绘制电路的基本符号

本节来绘制电路中的基本符号，本图中要用到的基本符号有 9 针插件和晶体振荡器。

15.5.1　绘制 9 针插件

本小节来讲解如何绘制 9 针插件，具体绘制步骤如下：

Step 01 将"元器件"图层切换为当前层，然后调用"矩形"命令，绘制一个 20×5 的矩形，如图 15-83 所示。

图 15-83

Step 02 在命令行输入 cha 调用"倒角"命令，当提示选择第一条直线时输入 d，设置两个倒角距离均为 5，然后选择两条垂直边为倒角对象，结果如图 15-84 所示。

图 15-84

Step 03 在命令行输入 f 调用"圆角"命令，当提示选择第一个对象时输入 r，指定圆角半径为"1"，然后选择需要圆角的两条相交直线，结果如图 15-85 所示。

Step 04 插入"逻辑非输出符"图块，设置旋转角度为-180°，当提示指定插入点时输入 fro，以中点为基点，输入偏移距离 (@1.25,5)，结果如图 15-86 所示。

图 15-85

图 15-86

Step 05 重复步骤4，以中点为基点，输入偏移距离(@3.7,3.75)，插入第二个块，结果如图 15-87 所示。

Step 06 使用"矩形阵列"命令，选择步骤4插入的"逻辑非输出符"图块为阵列对象，行数为"5"，列数为"1"，行间距为"-2.5"，结果如图 15-88 所示。

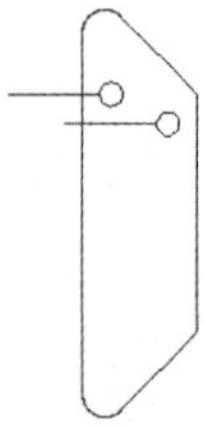

图 15-87

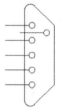

图 15-88

Step 07 重复步骤6，将步骤5插入的图块进行矩形阵列，阵列行数为4，列数为1，阵列行间距为-2.5，结果如图 15-89 所示。

Step 08 继续使用"插入块"命令，插入"接地符号"图块，以端点为插入点，结果如图 15-90 所示。

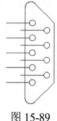

图 15-89

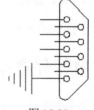

图 15-90

15.5.2 绘制晶体振荡器

绘制完9针插件后，下面来绘制最后一个电路符号——晶体振荡器，具体绘制步骤如下：

Step 01 调用"直线"命令，绘制一条长2.5 的竖直直线，在直线的中点处，向左绘制一条长 1.25 的直线，如图 15-91 所示。

Step 02 调用"矩形"命令，当提示指定第一个角点时输入 fro，以端点为基点，输入偏移距离(@0.5,0)，然后输入(@0.5,-2.5")作为矩形的第二角点，结果如图 15-92 所示。

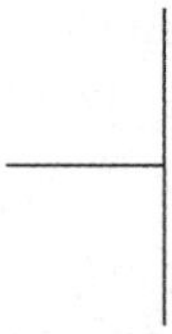

图 15-91

图 15-92

Step 03　调用"镜像"命令，以左侧的直线为镜像对象，以矩形上下边的中点为镜像线上的第一点和第二点，选择不删除源对象，镜像后结果如图 15-93 所示。

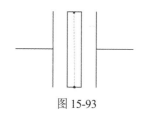

图 15-93

15.6　元件布局与连线

所有的元器件和电路符号绘制完毕后，接下来对这些元器件和符号进行排布，排布之后再用导线将它们连接起来。

Step 01　在命令行输入 m 调用"移动"命令，将元器件移动到合适的位置，如图 15-94 所示。

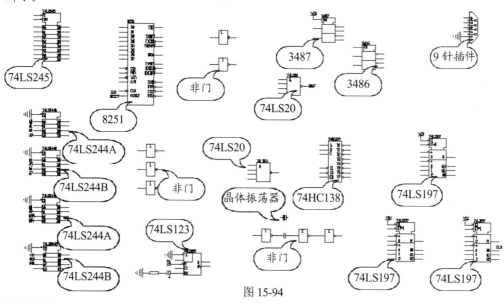

图 15-94

Step 02　调用"插入块"命令，在"非门"和"晶体振荡器"中间插入"电阻"图块，如图 15-95 所示。

Step 03　将"布局"层切换为当前层，然后输入 l 调用"直线"命令，将各元器件和电路符号连接起来。然后在命令行输入 c 调用"圆"命令，在"四输入与非门 74LS20"与直线的连接处分别绘制半径为 0.25 的圆，如图 15-96 所示。

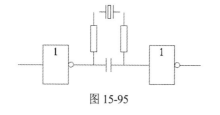

图 15-95

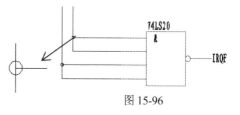

图 15-96

Step 04 继续使用"圆"命令,在"三位计数器 74LS197"与直线的连接处绘制半径为 0.25 的圆,如图 15-97 所示。

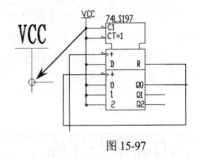

图 15-97

15.7 插入图框

一幅完整图形除了基本构件、文字注释外,还要有图框,本节通过插入图块的方法给 RS-422 标准通信接口电路图添加图框。

Step 01 调用"插入图块"命令,在弹出的"插入"对话框中选择随书附带的光盘文件"电路图框"图块,如图 15-98 所示。

Step 02 单击"确定"按钮,把图框插入到合适的位置,结果如图 15-99 所示。

图 15-98

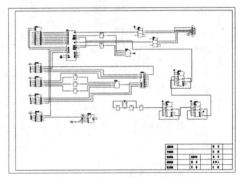

图 15-99